Klick! inklusiv

Mathematik | Arbeitsheft 9/10

Zuordnungen und Funktionen / Zufall

Erarbeitet von
Elisabeth Jenert
Petra Kühne

Cornelsen

Klick! inklusiv

Mathematik | Arbeitsheft 9 | 10

Zuordnungen und Funktionen / Zufall

Teile dieses Arbeitsheftes basieren auf Inhalten der Lehrwerksreihe Klick! Mathematik.
Diese wurden herausgegeben von Meike Busch, Daniel Jacob, Petra Kühne und Markus Ledebur sowie erarbeitet von Steffen Glaubitz, Martina Kolbe-Schwettmann, Petra Kühne, Markus Ledebur, Sebastian Schönthaler, Naveen Schwind

Redaktion: Inga Knoff, Karen Reitz-Koncebovski
Illustration: Christian Böhning, Berlin (S. 41 Kronkorken und Glücksrad); Timo Grubing, Münster
Technische Zeichnungen: Christian Böhning, Berlin; lernsatz.de
Umschlaggestaltung: Klein & Halm Grafikdesign, Berlin
Layout: lernsatz.de
Technische Umsetzung: PER MEDIEN & MARKETING GmbH, Braunschweig

Dieses Arbeitsheft ist Bestandteil des Schubers *Klick! inklusiv 9/10* (978-3-06-002134-5).
Zu dem Schuber gehören die folgenden Arbeitshefte:
Rechentraining (978-3-06-002126-0)
Potenzen / Gleichungen / Daten (978-3-06-002127-7)
Prozent- und Zinsrechnung (978-3-06-002128-4)
Zuordnungen und Funktionen / Zufall (978-3-06-002129-1)
Flächen und Körper (978-3-06-002130-7)
Prüfungsvorbereitung (978-3-06-002131-4)

Lösungen und Selbsteinschätzungsbögen zum Arbeitsheft sind als kostenloser Download unter **www.cornelsen.de/klick-inklusiv** erhältlich.

www.cornelsen.de

1. Auflage, 1. Druck 2018

Alle Drucke dieser Auflage sind inhaltlich unverändert
und können im Unterricht nebeneinander verwendet werden.

Druck: Parzeller print & media GmbH & Co. KG, Fulda

ISBN 978-3-06-002129-1

Inhaltsverzeichnis

Start ins Thema: Werte aus einer Tabelle ins Koordinatensystem übertragen

Die Tabelle zeigt dir die Anzahl der verkauften PCs in Deutschland.

Jahr	1. Quartal	2. Quartal	3. Quartal	4. Quartal
Jahr 1	3,2 Mio.	2,8 Mio.	3,2 Mio.	4,0 Mio.
Jahr 2	3,0 Mio.	2,7 Mio.	3,2 Mio.	3,9 Mio.
Jahr 3	3,2 Mio.	2,5 Mio.	2,6 Mio.	3,5 Mio.

1. Quartal = Jan. – März
2. Quartal = April – Juni
3. Quartal = Juli – Sept.
4. Quartal = Okt. – Dez.

1 Trage die Zahlen in das Koordinatensystem ein.

2 Markiere die drei höchsten und die drei niedrigsten Verkaufszahlen farbig.

3 a) In welchen Quartalen liegen die jeweils höchsten Verkaufszahlen?

____

b) Überlege und nenne dafür Gründe.

____

c) In welchen Quartalen liegen die jeweils niedrigsten Verkaufszahlen?

____

4 Vergleiche beide Darstellungen. In welcher lassen sich die Werte besser ablesen?

____

So gut kann ich die Aufgaben: ☺ 😐 ☹

So geht es: Proportionale und antiproportionale Zuordnungen

1 Ergänze. antiproportional | halbiert oder verdoppelt | halbiert oder verdoppelt | Hyperbel | halbiert oder verdoppelt | verdoppelt oder halbiert | fallende Kurve | Halbgerade

Bei einer proportionalen Zuordnung gilt: Wenn der Wert auf der einen Seite ______________________ wird, wird auch der zugeordnete Wert auf der anderen Seite ______________________ .

Der Graph im Koordinatensystem stellt eine ______________________ dar.

Kekse in g	Preis in €
100	1,50
200	3,00
300	4,50
400	6,00

· 3   : 2   : 2   · 3

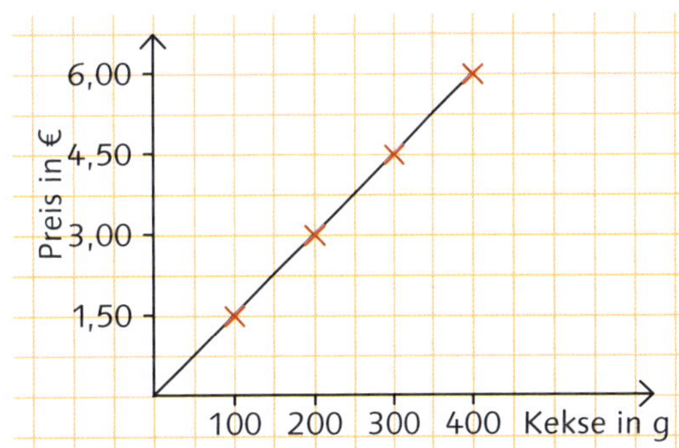

Bei einer ______________________ Zuordnung gilt:

Wenn der Wert auf der einen Seite ______________________ wird,

wird der zugeordnete Wert auf der anderen Seite ______________________

Diese Zuordnung wird im Koordinatensystem durch eine ______________ dargestellt.

Man nennt diese Kurve eine ______________ .

Anzahl Arbeiter	Zeit in h
1	18
2	9
3	6
4	4,5

: 3   · 2   : 2   · 3

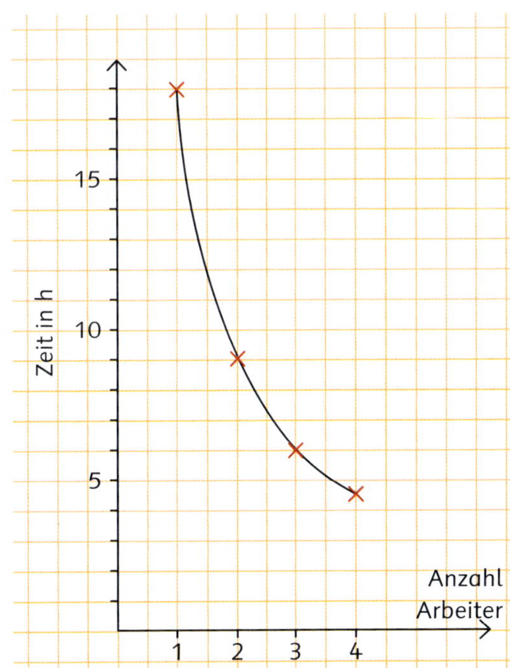

Zuordnungen untersuchen und beschreiben

1 Ling-Ling möchte Briefe verschicken.

a) Vervollständige die Sätze.

Gewicht der Briefe	Porto
bis 20 g	0,70 €
bis 50 g	0,85 €
bis 500 g	1,45 €

Dies ist keine proportionale Zuordnung,

weil ______________________________

____

____

Anzahl der Briefe zu 20 g	Portokosten
1	0,70 €
2	
3	
4	
5	

Dies ist eine proportionale Zuordnung,

weil ______________________________

____

____

b) Ergänze die fehlenden Angaben für 2, 3, 4 und 5 Briefe in der Tabelle.

c) Ling-Ling hat insgesamt sieben Briefe. Sie wiegen 14 g, 18 g, 23 g, 35 g, 45 g, 125 g und 320 g. Wie viel Porto muss Ling-Ling bezahlen?

Antwort: ______________________________

2 Noah macht eine Fahrradtour.
In der ersten Stunde kommt er zügig voran.
Dann beginnt eine Steigung. Nun kann er nur noch halb so schnell fahren.
Danach gönnt er sich eine lange Pause.
Anschließend fährt er gemächlich weiter.
Welches Koordinatensystem passt zu Noahs Radtour? Kreuze an.

A
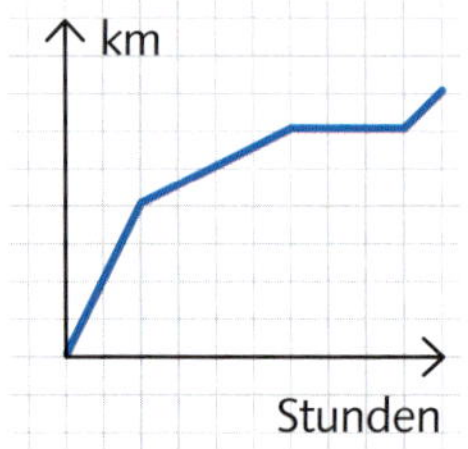

___

B
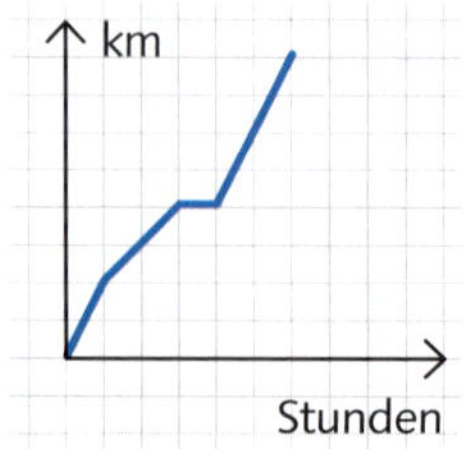

___

C
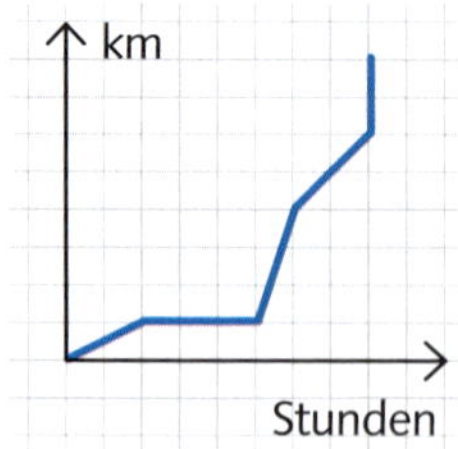

___

Zu Noahs Fahrradtour passt die Abbildung ______, weil ______________________________

____

3 Frau Moll fährt jeden Tag mit dem Fahrrad. Sie notiert jeden Abend, wie viele Kilometer sie am Tag gefahren ist.

Wochentag	Mo	Di	Mi	Do	Fr	Sa	So
Strecke (in km)	10	16	8	16	14	9	11

Vervollständige das Säulendiagramm und überlege dir eine Überschrift für das Diagramm.

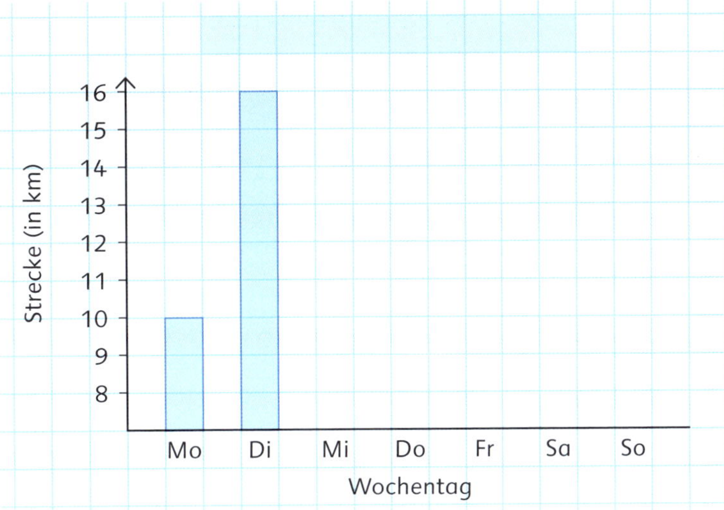

4 Die Kosten für einen Führerschein setzen sich zusammen aus der Grundgebühr, zwölf Sonderfahrten und beliebig vielen Übungsfahrten.

Fahrschule Funny	
Grundgebühr:	100,00 €
Sonderfahrt:	45,00 €
Übungsfahrt:	40,00 €

Euro-Fahrschule	
Grundgebühr:	200,00 €
Sonderfahrt:	40,00 €
Übungsfahrt:	30,00 €

a) Schreibe die Summe der Kosten für beide Fahrschulen in einer Tabelle auf.

Summe der Kosten	Fahrschule Funny	Euro-Fahrschule
Grundgebühr	100 €	200 €
+ 12 Sonderfahrten	100 € + 540 € = 640 €	
+ 1 Übungsfahrt	680 €	
+ 2 Übungsfahrten		
+ 3 Übungsfahrten		
+ 4 Übungsfahrten		
+ 5 Übungsfahrten		
+ 6 Übungsfahrten		

b) Welche Fahrschule ist preiswerter? Begründe.

Proportionale und antiproportionale Zuordnungen

1 Entscheide, ob die Zuordnung proportional oder antiproportional ist.

a) Äpfel in kg – Preis in €

b) Anzahl der Erntemaschinen – Erntedauer in Tagen

c) Anzahl der Fahrkarten – Preis in €

proportional	antiproportional

2 Formuliere zu den Zuordnungen jeweils eine passende Frage.

a) **Proportionale Zuordnung**
Eine Tankfüllung mit 50 l kostet 88 €.

____

b) **Antiproportionale Zuordnung**
Um Kies zu einer Baustelle zu transportieren, benötigen acht LKW 3 Tage.

____

3 Eine Jugendherberge möchte mehrere Räume streichen lassen. Die Malerfirma will zwei Mitarbeiter schicken. Sie brauchen für die Räume insgesamt 20 Stunden.
Wie viele Stunden würde es bei einer anderen Anzahl von Malern dauern?

a) Ergänze die Werte in der Wertetabelle.

Stunden		20								
Maler	1	2	3	4	5	6	7	8	9	10

b) Übertrage die Werte in das Koordinatensystem. Ergänze alle fehlenden Angaben.

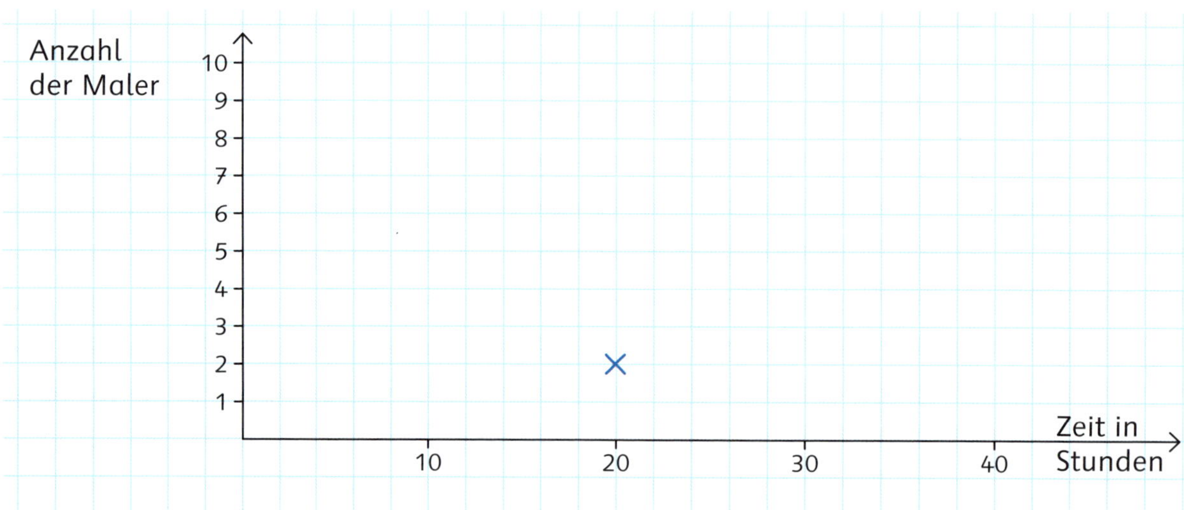

Eine Zuordnung, die durch eine fallende Kurve dargestellt wird, heißt _______________.

4 Ergänze die fehlenden Angaben. Fülle die Tabelle aus und zeichne den Graphen.

Im Angebot kosten 3 kg Äpfel 5,10 €.
Wie viel kosten 1 kg (2 kg, 4 kg, 5 kg, 6 kg) Äpfel?

Äpfel in kg	Preis in €
1	
2	
3	5,10
4	
5	
6	

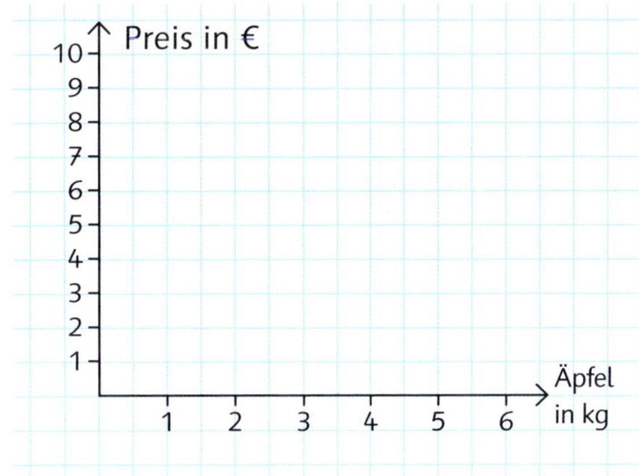

Diese Zuordnung ist ☐ proportional, ☐ antiproportional, ☐ nicht proportional,

weil ______________________________

5 Beim Stadtlauf laufen alle 10 Runden.
Die erste Runde schafft Juri in 3:00 min, die 3. Runde in 4:10 min und die 8. in 3:50 min.
Wie lange braucht er für die gesamte Strecke?

Anzahl Runden	Zeit in min

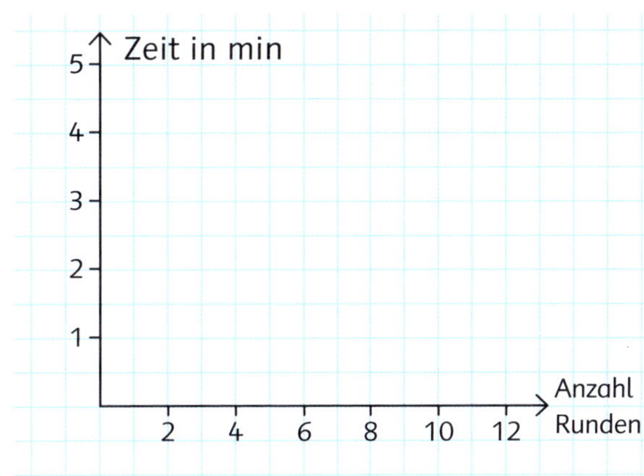

Diese Zuordnung ist ☐ proportional, ☐ antiproportional, ☐ nicht proportional,

weil ______________________________

6 ______________________________

Anzahl Maler	Zeit in h
3	
4	6
6	
8	
12	

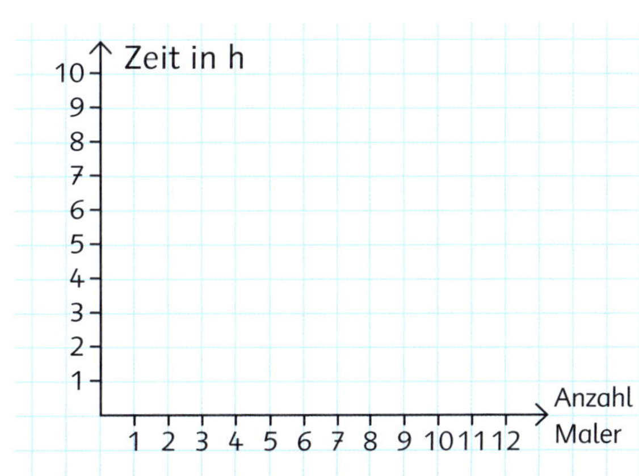

Diese Zuordnung ist ☐ proportional, ☐ antiproportional, ☐ nicht proportional,

weil ______________________________

Dreisatz bei proportionalen und antiproportionalen Zuordnungen

Der Dreisatz

Wenn aus einer vorgegebenen Zuordnung nicht direkt ein anderes Wertepaar berechnet werden kann, hilft der **Dreisatz**:
1. Die vorgegebenen Werte in eine Wertetabelle eintragen.
2. **Den zugeordneten Wert für 1 berechnen.**
3. Das gesuchte Wertepaar berechnen.

Der Dreisatz passt für proportionale und antiproportionale Zuordnungen.

1 Welches Angebot ist jeweils das günstigere?

a)

Anzahl	Preis in €

b)

Anzahl	Preis in €

c)

Anzahl	Preis in €

2 Welches Angebot ist jeweils das günstigere? Finde eine sinnvolle Gramm-Einteilung.

a)

Menge in 100 g	Preis in €

b)

Menge in ___ g	Preis in €

c)

Menge in ___ g	Preis in €

3 Im Getränkemarkt werden 5 Kisten Wasser für 17,99 € (ohne Pfand) angeboten. Berechne den Preis für 3 Kisten Wasser.

Antwort: ______________________________

____

4 Eine 12 m^2 große Terrasse soll mit Holz ausgelegt werden. Ein Zimmermann bietet die Arbeiten für 1 259 € an.
Berechne den Preis für 18 m^2.

Antwort: ______________________________

____

5 Eine Schlosserei baut ein Geländer für einen Balkon. Auf einer Länge von 27 m werden 180 Stangen verschweißt. Wie viele Stangen werden für 25 m benötigt?

Antwort: ______________________________

____

6 In einer Gärtnerei werden 3 Tische mit 585 Hyazinthen bestückt. Es sollen noch 4 weitere Tische mit Hyazinthen bestückt werden.
Wie viele Hyazinthen müssen bestellt werden?

Antwort: ______________________________

____

7 Eine Konditorei stellt für eine Hochzeitsfeier 11 Torten für 85 Gäste her.
Wie viele Torten (je 12 Stücke) werden benötigt, wenn 120 Gäste erwartet werden?

Antwort: ______________________________

____

8 Ein Rohbau kann von 6 Arbeitern in 24 Tagen fertiggestellt werden. Wie lange dauert es, wenn 8 Arbeiter beschäftigt werden?

Antwort: ______________________________

Anzahl Arbeiter	Anzahl Tage
6	24
1	

9 Ein Ölvorrat reicht für 4 Ölöfen 90 Tage. Jeder Ofen verbraucht gleich viel. Wie lange reicht der Vorrat, wenn man 3 Öfen heizen lässt?

Antwort: ______________________________

10 Auf eine Fähre passen hintereinander 12 Pkw mit jeweils einer Länge von 4,80 m. Wie viele Kombis von 6 m Länge passen hintereinander?

Antwort: ______________________________

11 Noahs Taschengeld reicht ihm 12 Tage, wenn er jeden Tag 2,50 € ausgibt. Wie lange reicht ihm sein Geld, wenn er täglich 3 € ausgibt?

Antwort: ______________________________

12 Wenn eine Spende an 6 Einrichtungen verteilt wird, erhält jede 12 000 €. Ergänze die Tabelle.

Anzahl der Einrichtungen	6	1	3	4	5	8	9
Spendenbetrag in €	12 000						

13 Ein Winzer füllt aus einem Fass 1 500 Flaschen zu je einem $\frac{3}{4}$ Liter ab. Wie viele 1,25-l-Flaschen könnte er aus dem gleichen Fass abfüllen?

Antwort: ______________________________

____

14 Ben hat zwei Meerschweinchen. Das Futter reicht für 25 Tage. Am 10. Tag nimmt er noch Miras Meerschweinchen in Pflege.

Frage: ______________________________

Antwort: ______________________________

15 Zur Bepflanzung einer Schonung mit 30 Bäumchen benötigen 5 Forstarbeiter 1,5 Stunden. Wie lange brauchen 9 Forstarbeiter für die gleiche Anzahl an Bäumchen?

Antwort: ______________________________

16 Die Schule veranstaltet für sozial engagierte Jugendliche eine Fahrt „Segeln auf dem Ijsselmeer". 18 Jugendliche und 3 Lehrkräfte nehmen teil. Der Vorrat reicht für 5 Tage. Drei Schülersprecher dürfen kurzfristig auch mitfahren.
Wie lange reicht der Vorrat nun?

Antwort: ______________________________

17 Um einen neuen Schulgarten anzulegen, müssen Sträucher entfernt und der Boden umgegraben werden. Für diese Arbeiten haben 5 Schülerinnen und Schüler sowie 2 Lehrkräfte 9 Stunden zur Verfügung. Wie viele Personen werden benötigt, um mit den Arbeiten in 6 Stunden fertig zu sein?

Antwort: ______________________________

18 Der Schulteich wird gereinigt. Zwei Pumpen brauchen 150 min, um den Teich zu leeren.
Wie lange dauert es, wenn 3 Pumpen eingesetzt werden?

Antwort: ______________________________

19 Am Projekttag wird eine Gruppe mit 15 Jugendlichen auf dem Schulhof Müll sammeln. Hierfür haben sie 5 Unterrichtsstunden Zeit. Zehn weitere Jugendliche schließen sich der Gruppe an und helfen mit.
Wie lange brauchen sie?

Antwort: ______________________________

Proportional, antiproportional oder nicht proportional?

1 Vervollständige für eine proportionale Zuordnung:

a) Wenn der Wert auf der einen Seite mit 3 multipliziert wird, muss der zugeordnete Wert auf der anderen Seite

____

b) Wenn der Wert auf der einen Seite durch 4 dividiert wird, muss der zugeordnete Wert auf der anderen Seite

____

Anzahl Brote	Preis in €
4	9
12	
3	

2 Vervollständige für eine antiproportionale Zuordnung:

a) Wenn der Wert auf der einen Seite mit 3 multipliziert wird, muss der zugeordnete Wert auf der anderen Seite

____

b) Wenn der Wert auf der einen Seite durch 4 dividiert wird, muss der zugeordnete Wert auf der anderen Seite

____

Anzahl Arbeiter	Anzahl Tage
4	9
12	
3	

3 Entscheide, um welche Zuordnung es sich handelt und berechne die fehlenden Werte.

a) ☐ proportional ☐ antiproportional

Anzahl T-Shirts	Preis in €
2	14
1	7
6	

b) ☐ proportional ☐ antiproportional

Anzahl Arbeiter	Anzahl Stunden
2	8
1	16
16	

c) ☐ proportional ☐ antiproportional

Menge in kg	Preis in €
5	12
1	2,40
17	

d) ☐ proportional ☐ antiproportional

Anzahl Bagger	Anzahl Tage
3	4
1	12
2	

e) ☐ proportional ☐ antiproportional

Fliesen in m^2	Preis in €
2	37,20
1	18,60
7	

f) ☐ proportional ☐ antiproportional

Anzahl Lkw	Zeit in h
3	8
1	24
8	

4 Im WM-Stadion

Entscheide, um welche Zuordnung es sich handelt und notiere als Hilfe die Rechenpfeile.

a) **Rasenmäher**

Anzahl	Zeit in Stunden
2	5
1	10

proportional ☐
antiproportional ☐
nicht proportional ☐

b) **Tore pro Spiel**

Anzahl der Spiele	Tore
2	4
6	13

proportional ☐
antiproportional ☐
nicht proportional ☐

c) **Getränke**

Anzahl der Personen	Getränk in l
3	4,5
1	1,5
8	12

proportional ☐
antiproportional ☐
nicht proportional ☐

d) **Rasenpflege – benötigte Zeit**

Anzahl der Helfer	Zeit in h
12	3
4	9
8	4,5

proportional ☐
antiproportional ☐
nicht proportional ☐

e) **Stadionplätze – verkaufte Tickets**

Plätze im Stadion	verkaufte Tickets
75 000	55 000
70 000	43 000

proportional ☐
antiproportional ☐
nicht proportional ☐

f) **Rollrasen**

Anzahl der Rollen	Fläche in m^2
384	8 000
1	20,8

proportional ☐
antiproportional ☐
nicht proportional ☐

Der Dreisatz in Beruf und Alltag

1 800 g Äpfel kosten 1,79 €.
Lena kauft 500 g Äpfel.

- [ ] proportional
- [ ] antiproportional

Frage: ______________________________

____

Antwort: ______________________________

____

2 Der Futtervorrat im Zoo reicht für fünf Elefanten 15 Tage.

- [ ] proportional
- [ ] antiproportional

Wie lange reicht dieser Futtervorrat, wenn ein Elefant hinzukommt?

Antwort: ______________________________

____

3 Insgesamt werden 1 200 Flaschen Apfelsaft in 0,5-l-Flaschen abgefüllt.

- [ ] proportional
- [ ] antiproportional

Wie viele Flaschen wären es, wenn man Flaschen mit einem Fassungsvermögen von 0,75 l verwendet hätte?

Antwort: ______________________________

____

4 Bauer Scheidt beschäftigt 5 Helfer zum Stapeln von Strohballen in der Scheune. Sie benötigen dafür 6 Stunden. Ein Helfer wird krank.

- [ ] proportional
- [ ] antiproportional

Frage: ______________________________

____

Antwort: ______________________________

____

Zuordnungen graphisch darstellen

1 Zuordnungen können auch in einem Koordinatensystem dargestellt werden.

Entscheide zuerst, welche Zuordnung vorliegt:
proportional, antiproportional oder nicht proportional?
Schreibe unter den Graphen. Schreibe bei A und C dazu, wie der Graph bezeichnet wird.

A
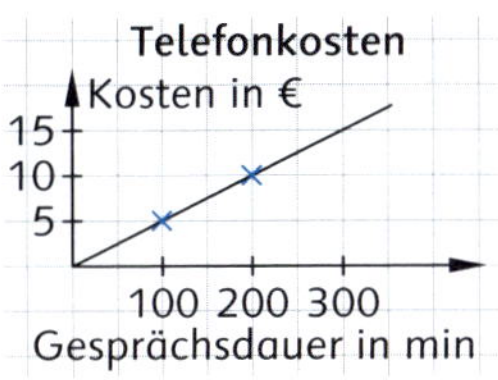

B
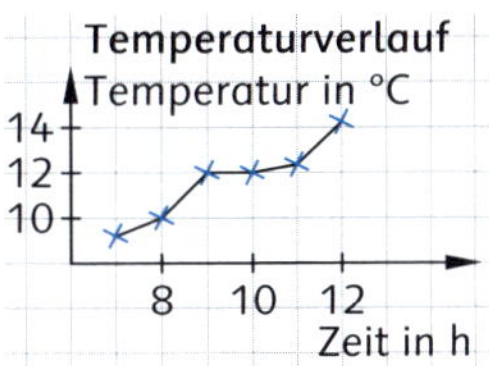

C
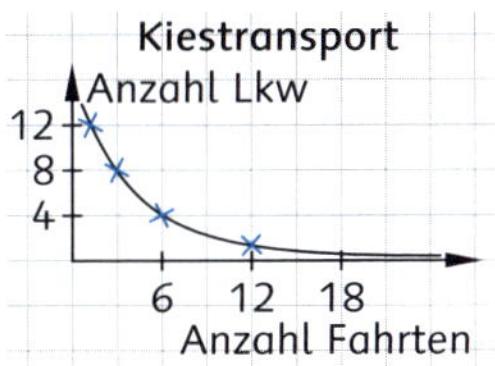

Zuordnung ist … ______ ______ ______

Graph ist eine … ______ ______ ______

2 Der Nahrungsmittelvorrat reicht für 5 Personen 8 Tage lang. Wie lange reicht er für 4, 8, 10 Personen? Vervollständige die Zuordnungstabelle und zeichne den Graphen.

Nahrungsmittelvorrat

Anzahl Personen	Anzahl Tage
1	
4	
5	8
8	
10	

3 Drei Packungen Fußballbilder kosten 2,10 €. Wie viel muss Juri für 4, 5, 6 Packungen bezahlen? Vervollständige die Zuordnungstabelle und zeichne den Graphen.

Fußballbilder

Anzahl Packungen	Preis in €
1	
3	2,10
4	
5	
6	

Veränderungen in Graphen ablesen

1 Ole, Juri, Paul und Tim haben um 17 Uhr Fußballtraining. Sie kommen mit verschiedenen Verkehrsmitteln zum Training und brauchen dafür unterschiedlich lange.

Betrachte die Graphen.

Ordne die Aussage in der Tabelle den entsprechenden Abschnitten im Graphen zu.

Notiere die Bezeichnung des jeweiligen Abschnitts vor die passende Aussage.

Kontrolliere, indem du den Weg von jedem Schüler abschnittsweise liest oder in dein Heft schreibst.

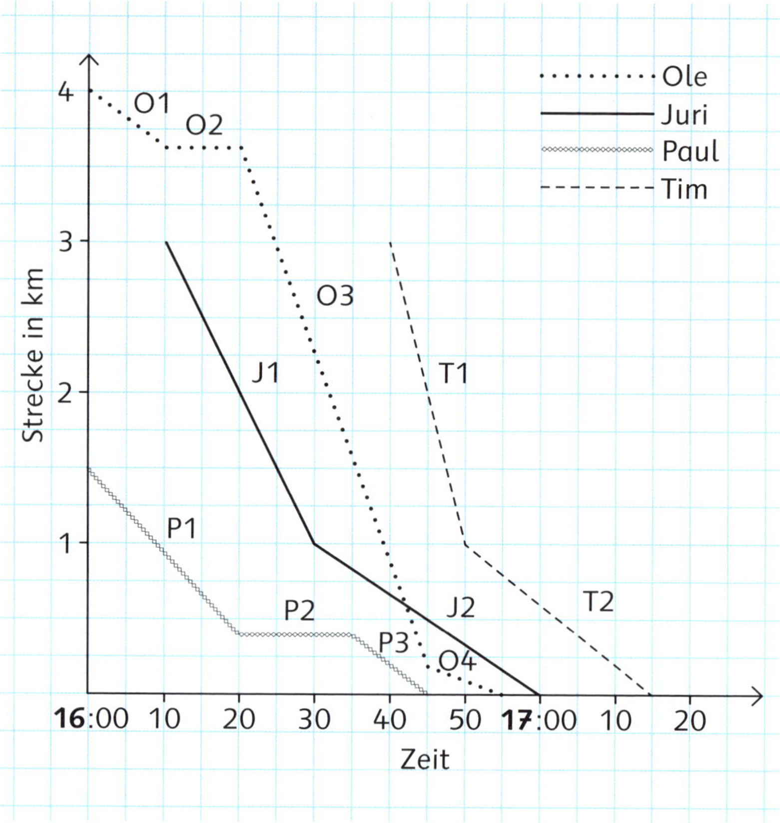

Nr.	Aussage
	Danach läuft er weiter, ist eine Viertelstunde vor Trainingsbeginn da und zieht sich in Ruhe um.
	Weil sein Fahrrad unterwegs einen Platten bekommt, muss er schieben und kommt daher 15 Minuten zu spät zum Training.
	Er braucht für die ersten 1,1 km zu Fuß 20 Minuten.
	Er geht 10 Minuten bis zu Bushaltestelle.
	Er trifft einen Freund, unterhält sich mit ihm und bleibt deswegen 15 Minuten stehen.
	Er geht langsam zu Fuß weiter und ist 5 Minuten vor Trainingsbeginn in der Halle.
	Den letzten Kilometer geht er zu Fuß und ist pünktlich da.
	Der Bus braucht für 3,4 km 25 Minuten.
	Die ersten 2 km nimmt sein Vater ihn im Auto mit.
	Er wartet 10 Minuten auf den Bus.
	Er wohnt 3 km entfernt und schafft mit dem Rad 2 km in 10 Minuten.

Das kann ich schon

1 Noah, Ina, Ben und Anna wollen nach dem Schulabschluss gemeinsam verreisen. Die Miete für das Ferienhaus beträgt für 4 Tage 260 €. Berechne den Preis, den sie für 1, 2, 3 oder 5 Tage bezahlen müssten. Zeichne den Graphen.

Tage	1	2	3	4	5
Preis in €				260	

Die Zuordnung ist ______________.

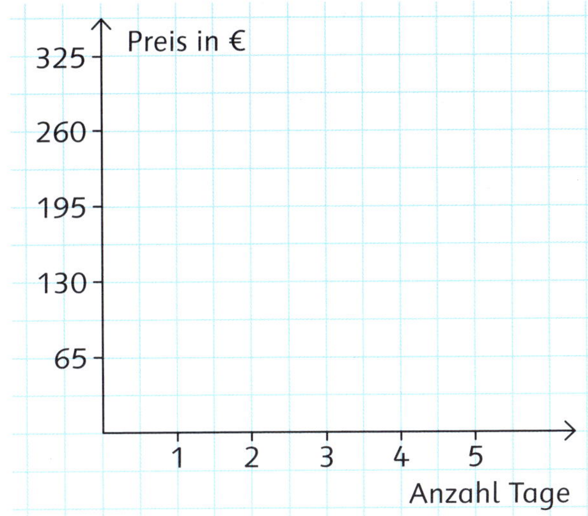

2 Vier Freunde entscheiden sich für den Zug. Sie zahlen einen Gruppenfestpreis von 78 € für den Hin- und Rückweg. Dieser ist gültig für 1 bis 5 Personen. Wie ändert sich der Betrag pro Person, wenn Tim auch mitfährt? Zeichne den Graphen.

Personen	1	2	3	4	5
Preis in €	78				

Die Zuordnung ist ______________.

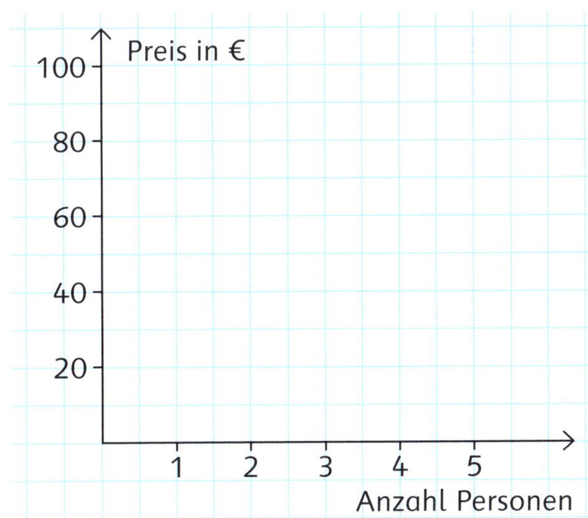

3 Am ersten Abend soll es Spaghetti mit Tomatensoße geben. 500 g Nudeln reichen für 3 Personen. Berechne.

Nudeln in g	Anzahl Personen
500	3

Die Zuordnung ist ______________.

4 Erfinde eine Aufgabe:

____

____

Die Zuordnung ist antiproportional.

Start ins Thema: Graphen und Texte zuordnen

1 Welcher Graph gehört zu welchem Text? Finde Paare und markiere in derselben Farbe.

Es hat die ganze Nacht gleichmäßig geschneit.

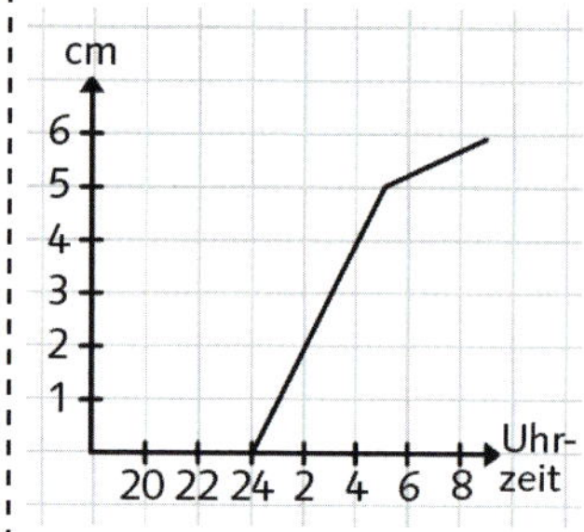

Um 22 Uhr hat es angefangen zu schneien. Im Laufe der Nacht nahm der Schneefall stark zu.

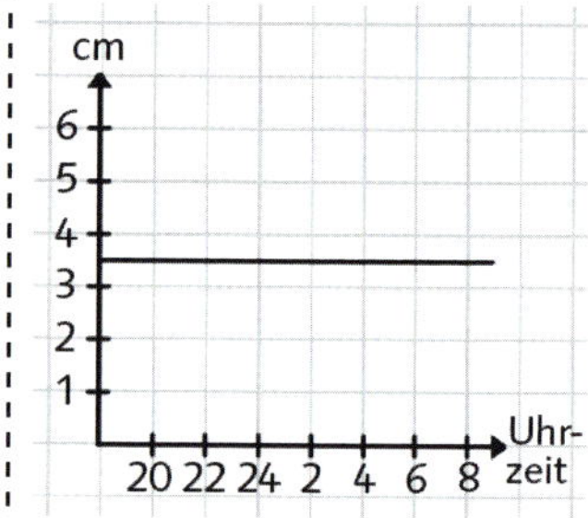

Gestern Abend lagen noch 5 cm Schnee. Als ich heute Morgen aufstand, war alles weggetaut.

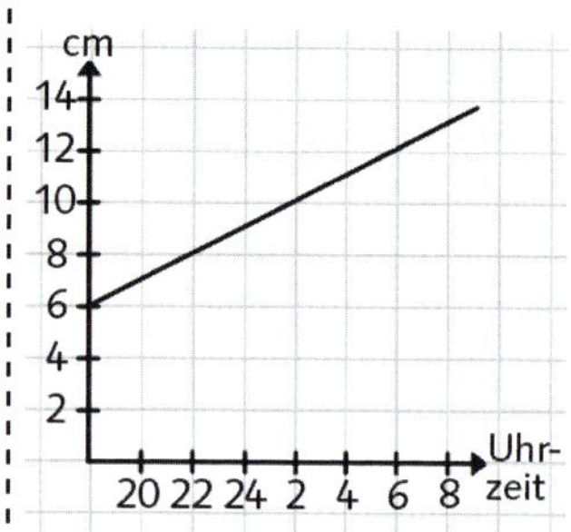

In der Nacht setzte starker Schneefall ein. Ab 5 Uhr rieselte es nur noch ein wenig.

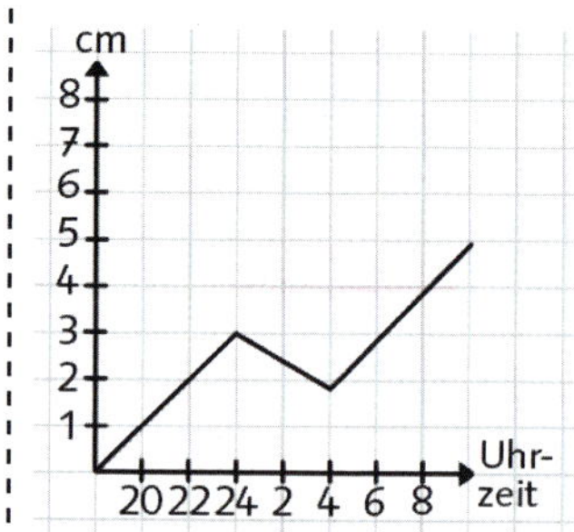

Heute Nacht setzte gegen 3 Uhr plötzlich Tauwetter ein und der ganze Schnee taute weg.

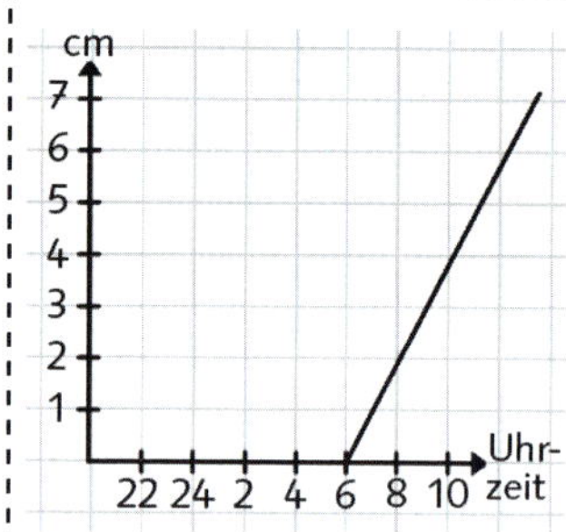

Nachmittags hatte es geschneit. Es schneite nachts nicht weiter und taute auch nicht.

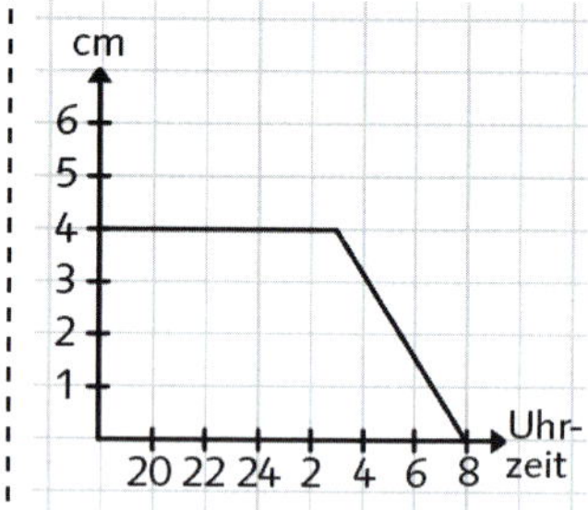

Um 1 Uhr setzte leichter Schneefall ein. Um einen Schneemann zu bauen, lag morgens zu wenig Schnee.

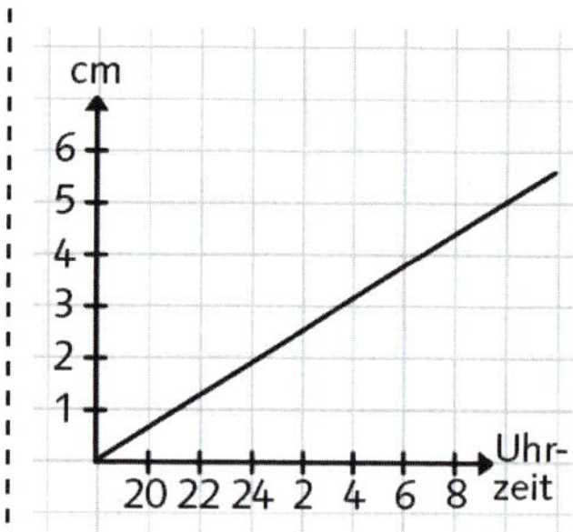

Der Schnee lag schon über 6 cm hoch und über Nacht kamen noch 7 cm Schnee dazu.

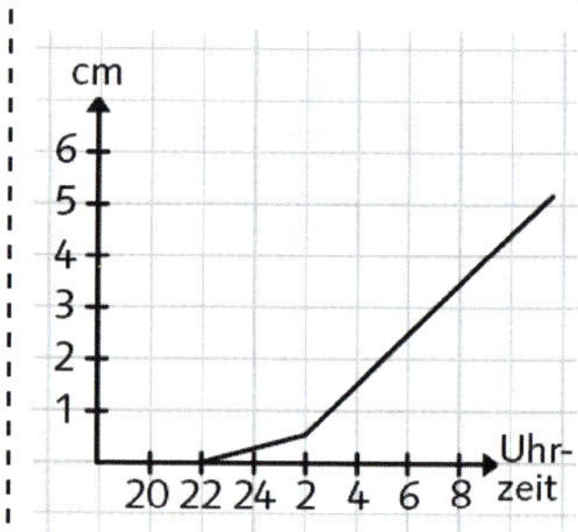

Abends begann es zu schneien, gegen 24 Uhr taute es kurz, dann schneite es erneut stark.

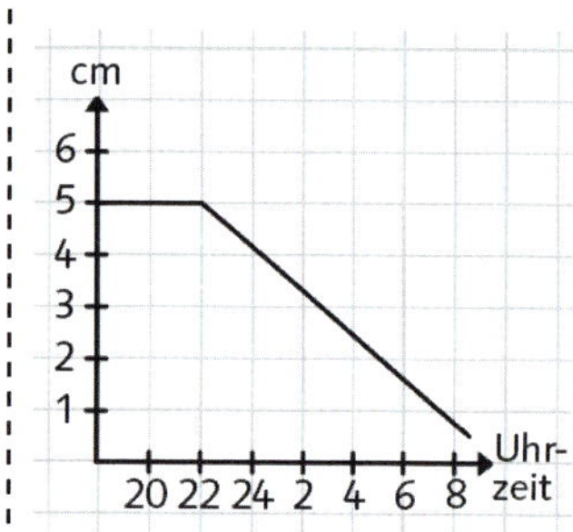

Ich habe die ganze Nacht auf Schnee gewartet, aber erst morgens um 6 Uhr begann es stark zu schneien.

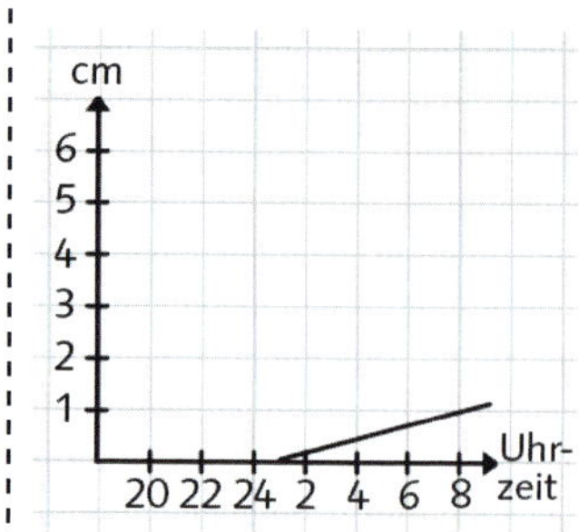

So gut kann ich die Aufgaben: ☺ 😐 ☹

So geht es: Funktionen als spezielle Zuordnungen

Wenn man bei Zuordnungen jedem x-Wert genau einen y-Wert zuordnen kann, spricht man von einer **Funktion**.

Funktion oder nicht Funktion?

Parallel zur y-Achse verschiebe ich ein Lineal von links nach rechts. Schneidet das Lineal an mindestens einer Stelle mehr als einen Punkt, ist es keine Funktion.

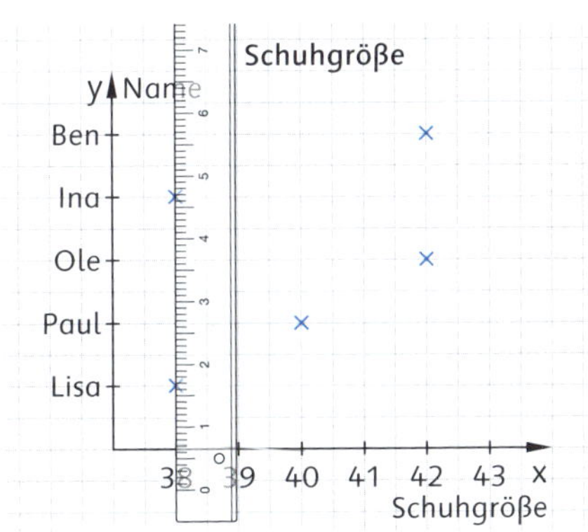

Ich erstelle mir zur Hilfe jeweils eine Wertetabelle.

Schuhgröße x	Name y
40	Paul
42	Ole
42	Ben

Wenn einem x-Wert mehrere y-Werte zugeordnet werden, ist es keine Funktion.

1 Was ist keine Funktion? Streiche durch.

A

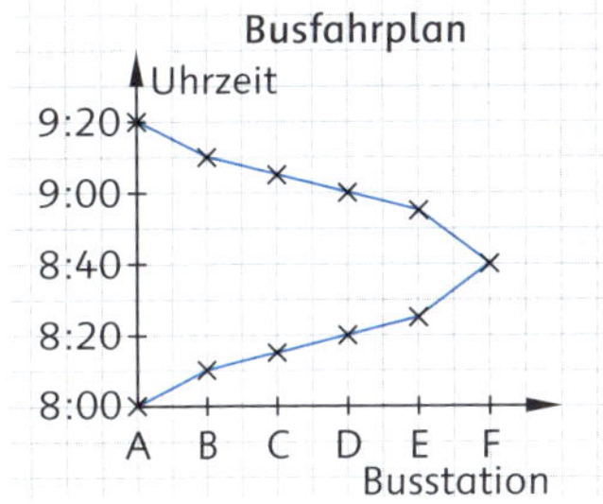

B

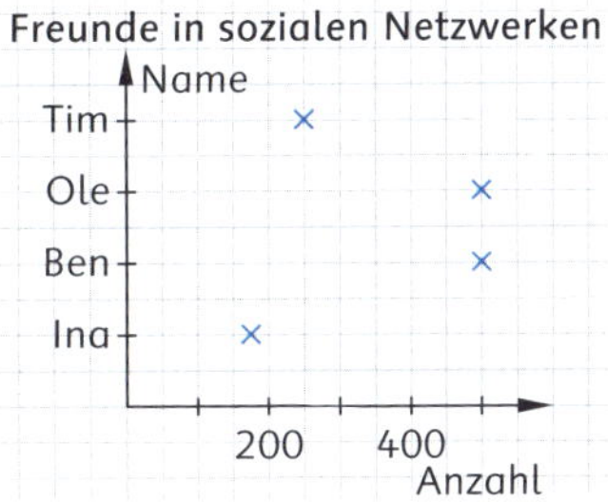

C

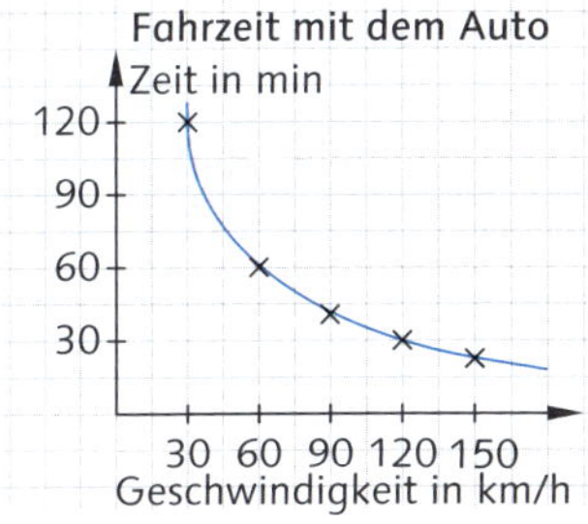

Funktionen als spezielle Zuordnungen

1 a) Was ist eine Funktion? Ergänze den Satz: Eine Funktion ist eine Zuordnung, bei der ______________________________

b) Kreuze an, bei welchen Graphen es sich um eine Funktion handelt.

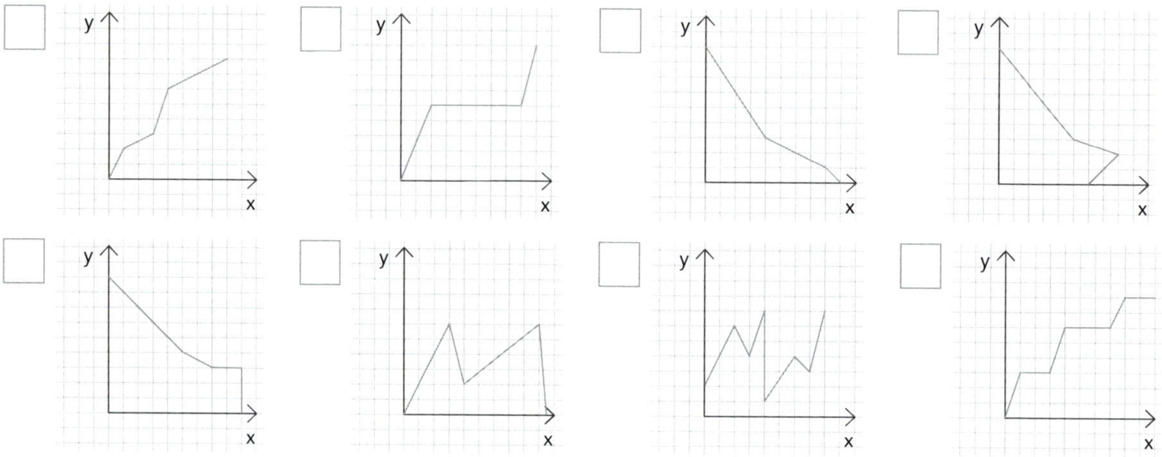

c) Markiere die Stellen, an denen du erkennst, dass es sich nicht um eine Funktion handelt.

2 Eine Monatskarte für den öffentlichen Regionalverkehr kostet 40 Euro. Sie gilt für beliebig viele Fahrten in der Region im Laufe eines Monats.
Ergänze die Wertetabelle für bis zu 5 Fahrten und zeichne den Graphen.

Anzahl der Fahrten	Preis in €
1	40€
2	

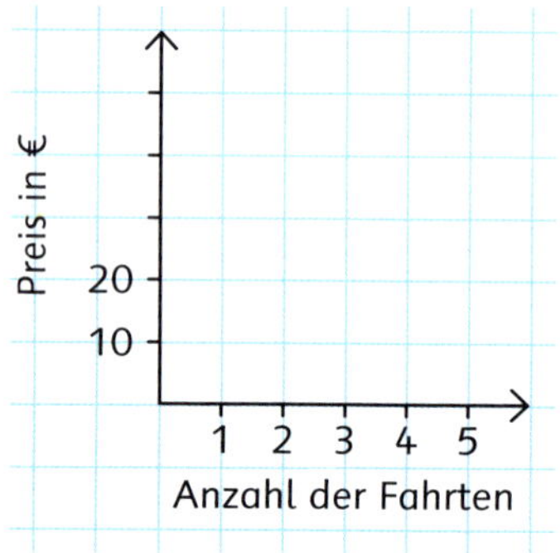

Handelt es sich hier um eine Funktion? Begründe.

____

____

3 Für 1,00 € erhält man 1,20 US-Dollar. Ergänze die Wertetabelle.

€	1,00	10,00	15,00	25,00	50,00	100,00	250,00	400,00	575,00
$									

Handelt es sich hier um eine Funktion? Begründe. ______________________________

____

4 Kreuze an. Zeichne danach ein, woran du erkennst, dass es sich um eine Funktion oder nicht um eine Funktion handelt.
Begründe deine Entscheidung anschließend.

a) Gedrehte Felder in einem Glücksrad

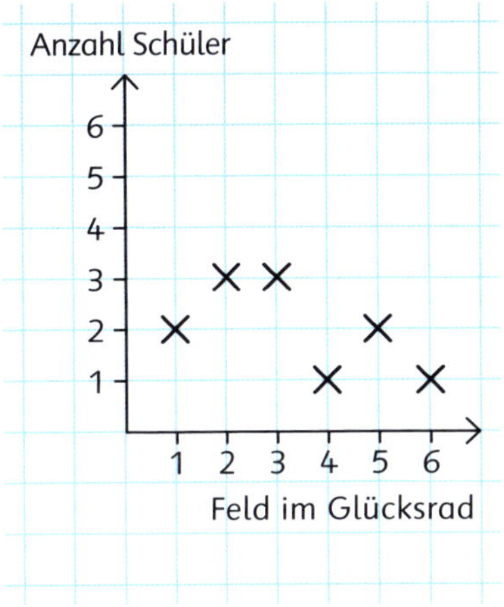

☐ Funktion,

☐ keine Funktion,

denn ______________________

____

____

____

b) Verteilung von Schuhgrößen

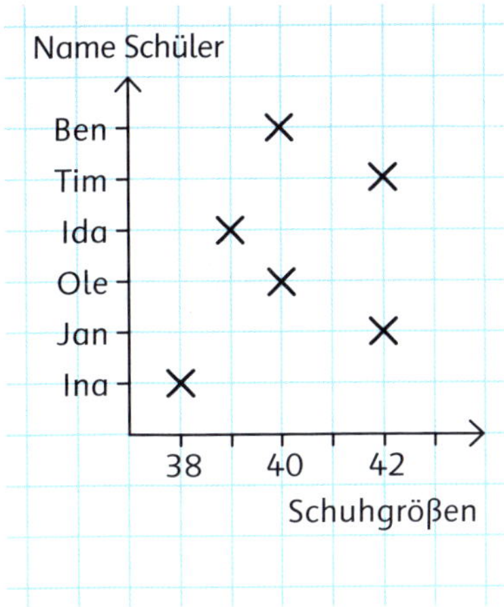

☐ Funktion,

☐ keine Funktion,

denn ______________________

____

____

____

c) Parkgebühren für Fahrzeuge im Parkhaus

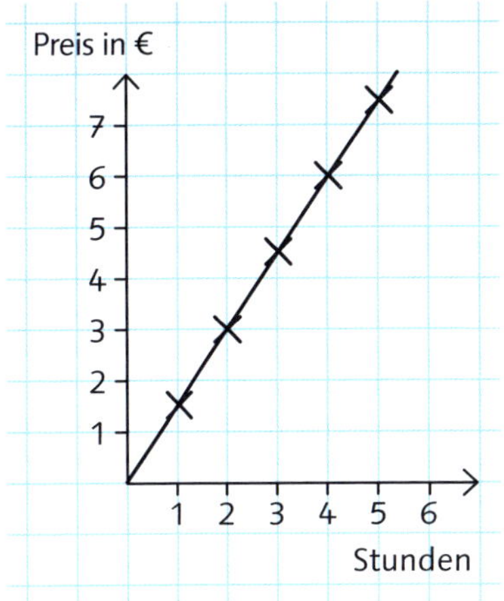

☐ Funktion,

☐ keine Funktion,

denn ______________________

____

____

____

5 Erstelle Wertetabellen mit den Werten, die du aus den Graphen ablesen kannst.

a)

Feld im Glücksrad	Anzahl Schüler

b)

Schuh-größe	Name Schüler

c)

Anzahl Stunden	Preis in €

6 Betrachte die Graphen und kreuze an.

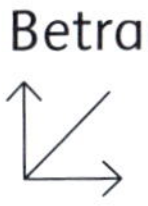 Eine proportionale Zuordnung ist eine Funktion. ☐ Stimmt ☐ Stimmt nicht

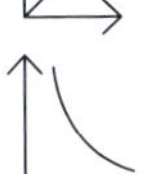 Eine antiproportionale Zuordnung ist eine Funktion. ☐ Stimmt ☐ Stimmt nicht

7 Mert meldet sich in einem sozialen Netzwerk an. Die Anzahl seiner Freunde ändert sich ständig.

Zeit in Wochen	Anzahl der Freunde
0	0
1	50
2	90
3	100
4	140
5	120
6	160

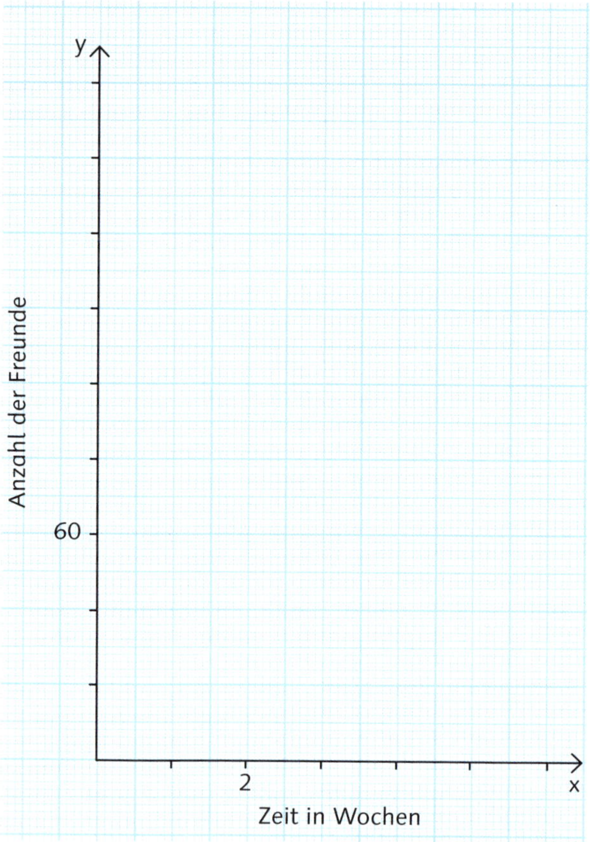

a) Vervollständige die Beschriftung des Koordinatensystems.

b) Zeichne den Graphen der Zuordnung.

c) Wie viele Freunde hat Mert ungefähr nach $2\frac{1}{2}$ Wochen?

Antwort: ____________________

d) Wann hat Mert mehr als 200 Freunde?

Antwort: ____________________

____

8 Jasmin geht shoppen. Sie besucht nacheinander ihre acht Lieblingsläden. Sie hat 500 € zur Verfügung. Ihre Shoppingtour ist als Graph im Koordinatensystem dargestellt.

a) Ergänze die Wertetabelle.

Lieblingsladen	Geld im Geldbeutel
0	

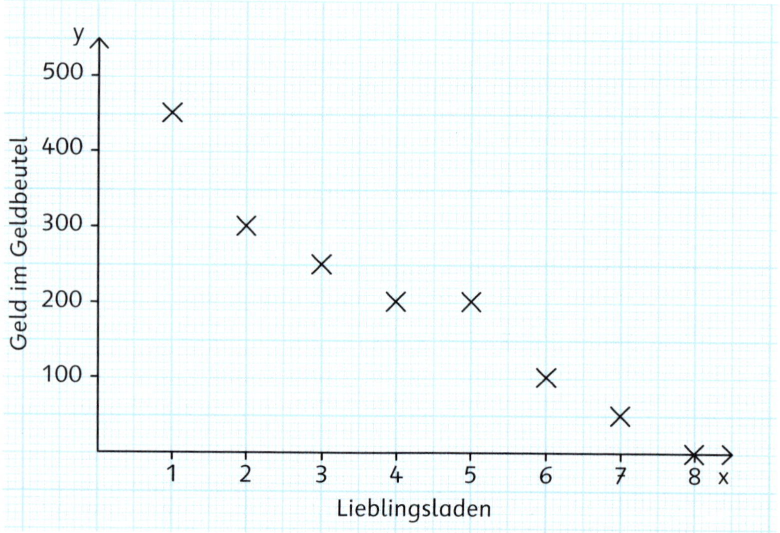

b) Wie viel Geld gibt Jasmin in den ersten drei Läden insgesamt aus?

Antwort: ____________________

Lineare Funktionen

1 a) Was ist eine lineare Funktion? Ergänze den Satz.

Bei einer linearen Funktion ______________________________

____

b) Kreuze an, bei welchen Graphen es sich um eine lineare Funktion handelt.

☐ 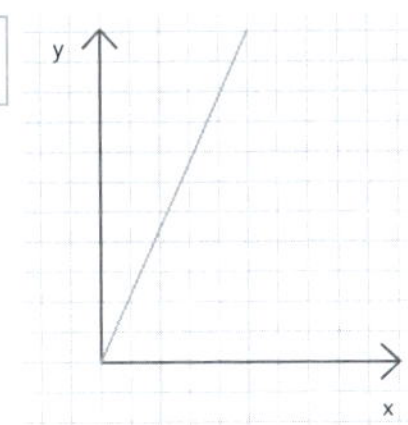

☐ 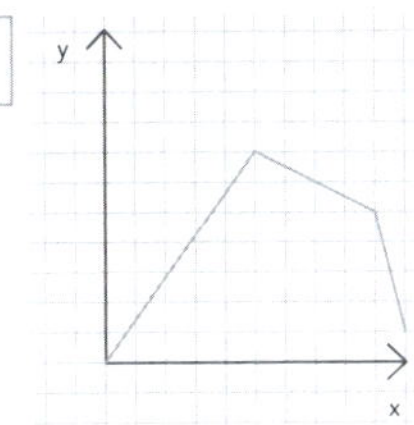

☐ 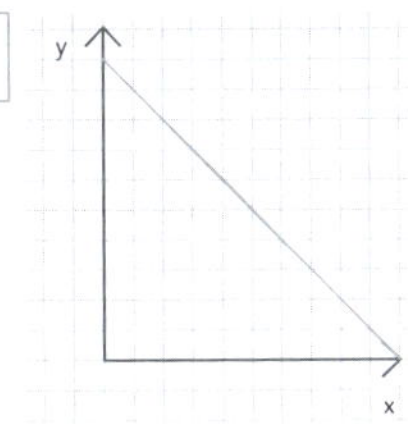

☐ 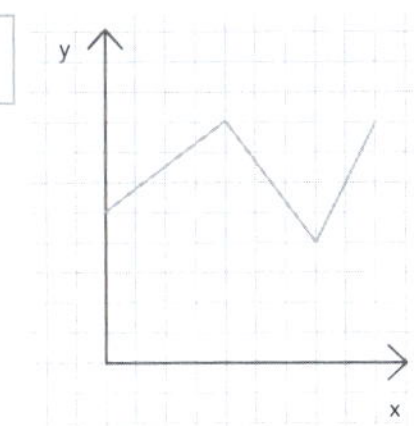

c) Begründe deine Entscheidung. ______________________________

2 Herr Xuan möchte entlang seiner Terrasse Büsche pflanzen. Die Terrasse ist 2,80 m lang. Gleich vorne soll der erste Busch stehen, die anderen pflanzt er im Abstand von 0,40 m. Ergänze die Wertetabelle. Zeichne den Graphen.

Anzahl der Büsche	Abstand in m
1	0

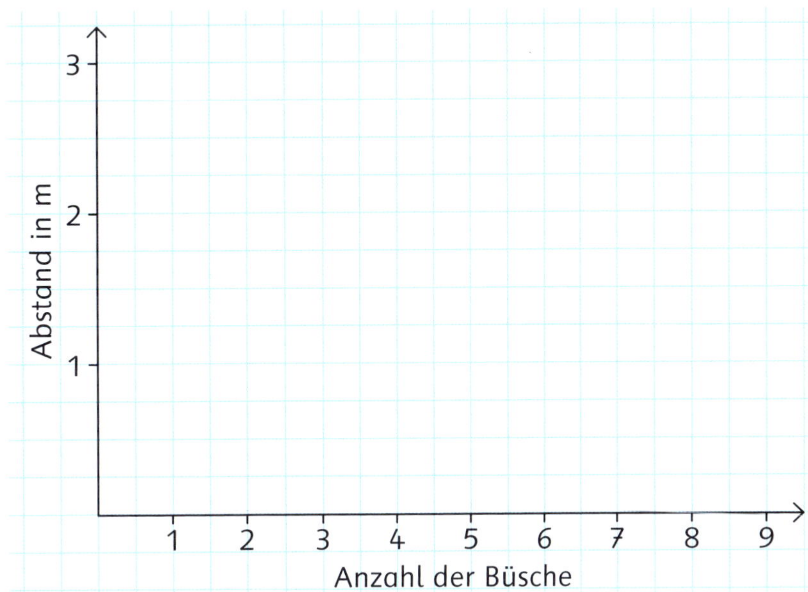

Warum ist diese Funktion linear? ______________________________

3 Aus welchem Sachverhalt ergibt sich eine lineare Funktion? Kreuze an.

☐ Ein Kilogramm Tomaten kostet 1,79 €. Lisa kauft 3 kg.

☐ Der Versand eines Päckchens innerhalb Deutschlands kostet 4,00 €, der Versand ins europäische Ausland 9,00 €.

☐ Ein Meerschweinchen braucht 90 g Futter am Tag. In der Packung ist 1 kg.

Zeichne die Graphen jeweils ins Koordinatensystem, ohne eine Wertetabelle zu erstellen.

4 Für einen Geburtstagskuchen benötigt man 4 Eier.

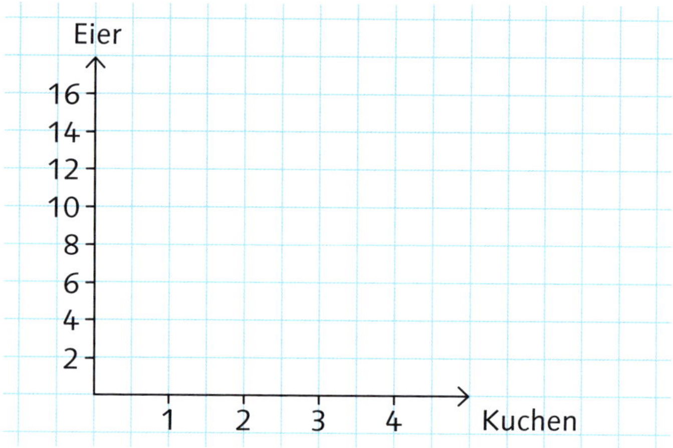

Um den Graphen zu zeichnen, benutze ich diese beiden Punkte:

x: ____________ y: ____________

x: ____________ y: ____________

5 Ein Verkaufsstand für den Flohmarkt kostet 7 € Grundgebühr und 3 € für jeden Meter Länge des Verkaufstischs.

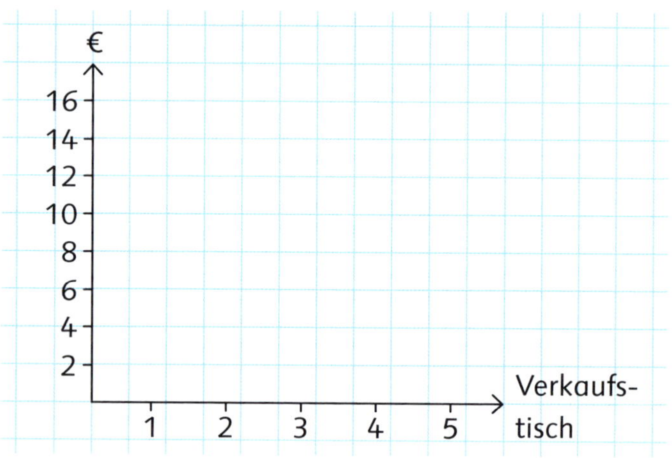

Um den Graphen zu zeichnen, benutze ich diese beiden Punkte:

x: ____________ y: ____________

x: ____________ y: ____________

6 Vervollständige den Satz.
Um den Graphen einer linearen Funktion zu zeichnen, benötigt man nur

____

7 a) Paul lädt den Akku seines Mobiltelefons auf.

An welcher Stelle im Graphen kannst du ablesen, wie voll der Akku zu Beginn war?

Markiere die Stelle farbig.

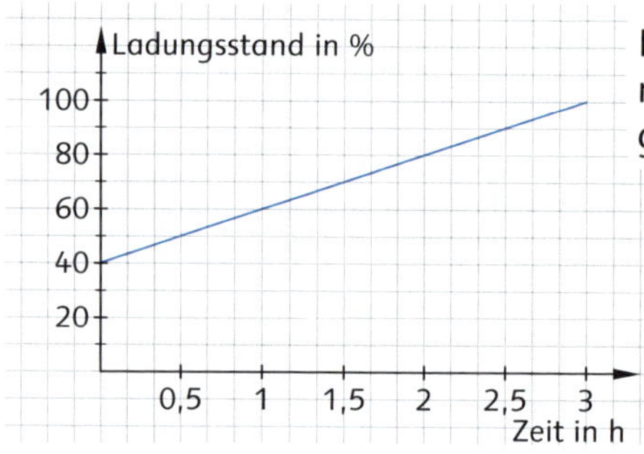

b) Nach wie vielen Stunden ist der Akku voll aufgeladen?

____

8 Ling-Ling liegen drei Taxiangebote vor. Sie muss am nächsten Tag zum 20 km entfernten Bahnhof gefahren werden. Nutze den Taschenrechner.

a) Ergänze die Wertetabellen. Beachte, dass bei 0 die einmalige Grundgebühr steht.

Taxiunternehmen: Fahr mich billig

Fahrstrecke in km	x	0	1	5	10	15	20
Preis in €	y	2,50	4,00				

Taxiunternehmen: Bringt Sie sicher an

Fahrstrecke in km	x	0	1	5	10	15	20
Preis in €	y	2,00	3,60				

Taxiunternehmen: Günstig reisen

Fahrstrecke in km	x	0	1	5	10	15	20
Preis in €	y	3,00	4,30				

b) Ling-Ling möchte möglichst günstig zum Bahnhof gefahren werden. Für welches Unternehmen sollte sie sich entscheiden? Begründe.

Antwort: ______________________________

____

9 Greta vergleicht drei Handy-Tarife.

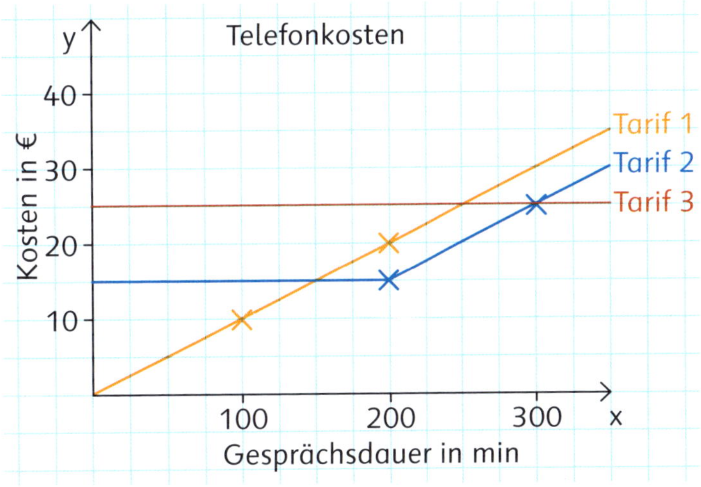

a) Für welchen Tarif sollte sich Greta entscheiden, wenn sie nur 100 Minuten pro Monat telefoniert? Begründe.

Antwort: ______________________________

____

____

____

b) Für welchen Tarif sollte sie sich bei 200 Minuten monatlich entscheiden? Begründe.

Antwort: ______________________________

____

c) Für welchen Tarif sollte sie sich bei 300 Minuten monatlich entscheiden? Begründe.

Antwort: ______________________________

So geht es: Die Funktionsgleichung bei linearen Funktionen

Lineare Funktionen lassen sich auch mit Hilfe einer **Funktionsgleichung** darstellen.

Beispiele:	$y = 2x$	$y = 11x + 5$
Setzt man für $x = 7$ ein:	$y = 2 \cdot 7 = 14$	$y = 11 \cdot 7 + 5 = 82$

In der **Funktionsgleichung** $y = \mathbf{m} \cdot x$ gibt **m** die **Steigung** an.

Die Steigung **m** lässt sich mit Hilfe eines **Steigungsdreiecks** bestimmen.

Beispiel: $y = 2x$

Steigung: $\mathbf{m} = 2$

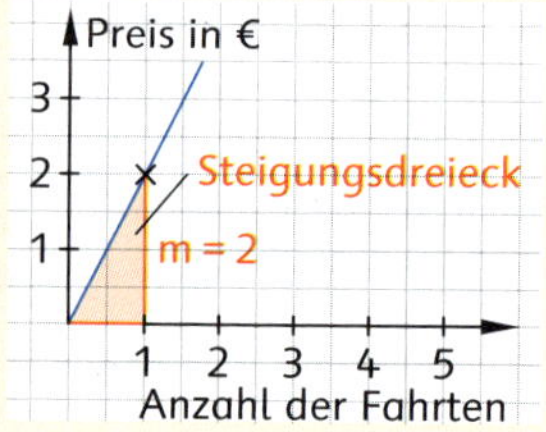

1 a) Welcher Graph passt zu welcher Funktionsgleichung? Ordne zu.

A

B
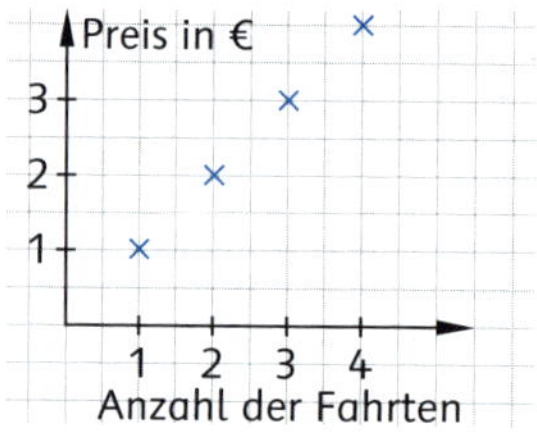

C
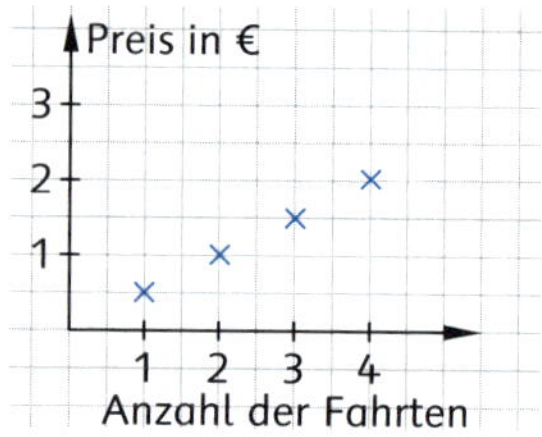

1 $y = 1{,}5x$

2 $y = 1x$

3 $y = 0{,}5x$

b) Ergänze den Merksatz: Je größer der ____________ vor dem x, desto ____________ ist die Steigung einer ____________________.

größer | linearen Funktion | Faktor

Im Graphen der Funktion $y = \mathbf{m}x + \mathbf{b}$ gibt **b** den **Schnittpunkt** des **Graphen** mit der **y-Achse** an. b wird auch y-Achsenabschnitt genannt.

Die **Steigung m** kann mit Hilfe des **Steigungsdreiecks** am Schnittpunkt bestimmt werden. Die Steigung kann auch negativ sein, dann fällt die Gerade.

Beispiel: $y = 1{,}5x + 1$

$\mathbf{b} = 1$

Steigung: $\mathbf{m} = 1{,}5$

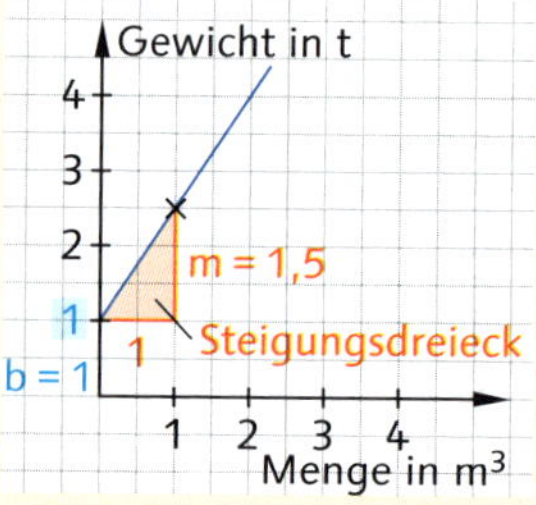

2 Welcher Graph passt zu welcher Funktionsgleichung? Ordne zu.

A
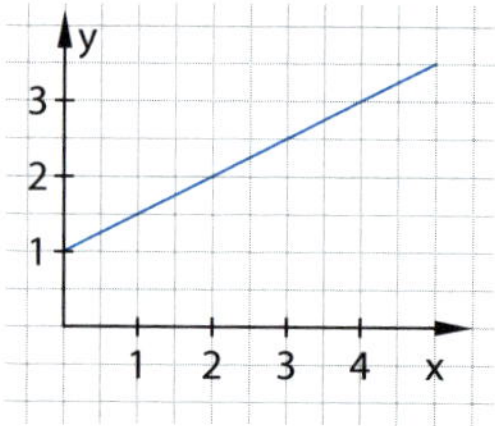

B
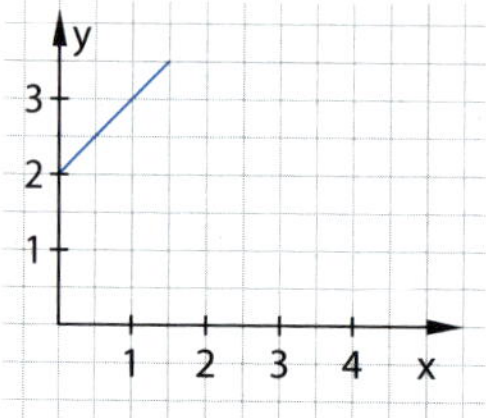

C
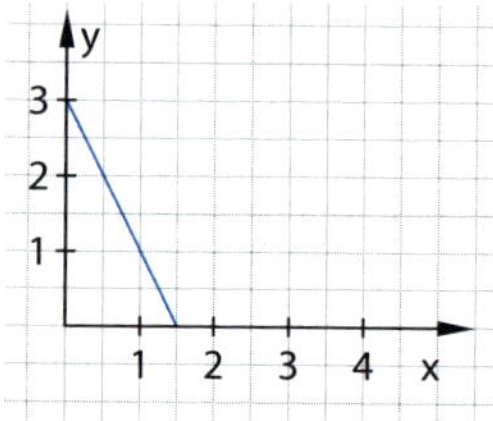

1 $y = 0{,}5x + 1$

2 $y = 1x + 2$

3 $y = -2x + 3$

Die Funktionsgleichung $y = m \cdot x$

Anleitung zum Zeichnen eines Graphen mit **positiver Steigung** in 3 Schritten:

Schritt 1: Jede Funktion der Form $y = m \cdot x$ geht durch den Koordinatenursprung. Das heißt, du zeichnest den ersten Punkt immer bei (0|0) ein.

Schritt 2: Du zeichnest ein Steigungsdreieck ein, indem du von Punkt (0|0) eine Strecke bis Punkt (1|0) zeichnest, und von Punkt (1|0) zeichnest du eine weitere Strecke senkrecht zur x-Achse, m-Schritte **nach oben**. Markiere den Endpunkt.

Schritt 3: Zeichne eine Gerade durch den Punkt (0|0) und den markierten Punkt. Achte darauf, dass die Linie **nicht** an den Punkten endet.

1 Zeichne den Graphen zur Funktionsgleichung.

Beispiel: $y = 3x$

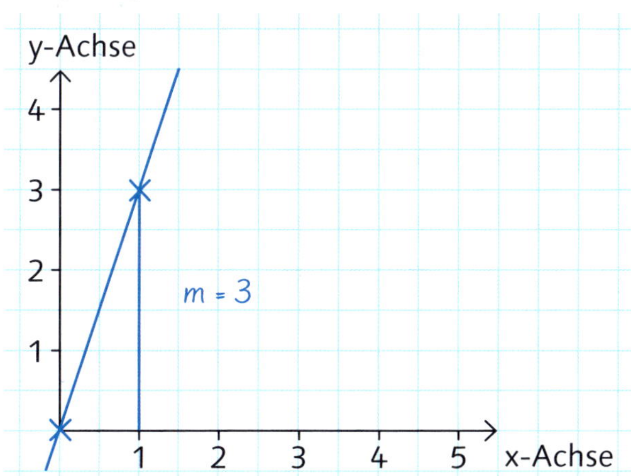

a) Zeichne: $y = 4x$

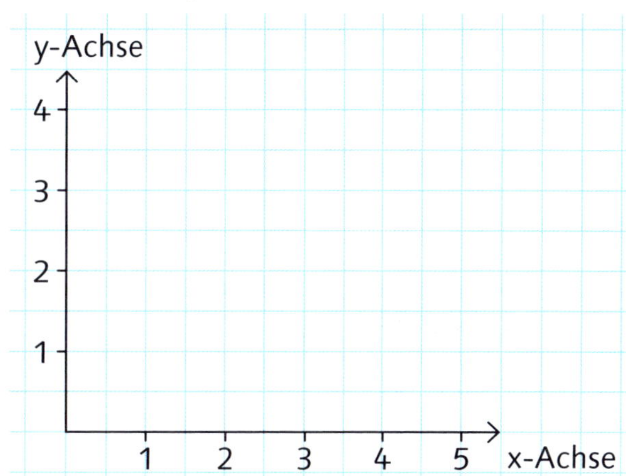

b) Zeichne: $y = 2{,}5x$

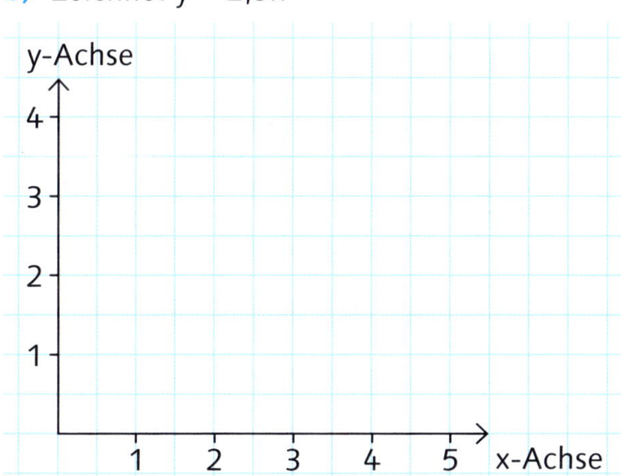

c) Zeichne: $y = 1{,}5x$

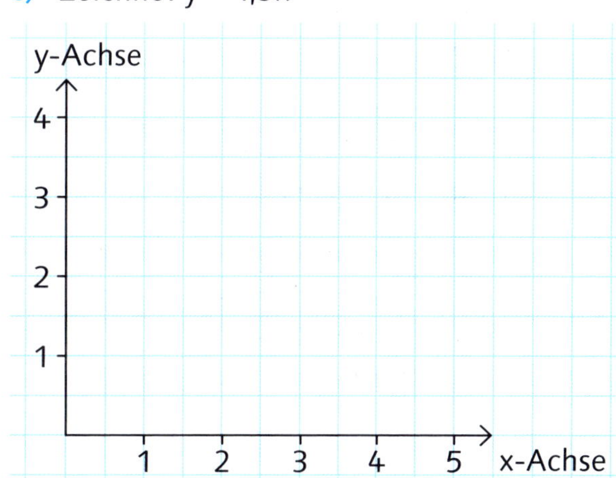

2 Kreuze an und begründe. Die Funktionen in Aufgabe **1** sind

☐ proportional ☐ antiproportional ☐ nicht proportional.

3 Tim fährt jedes Jahr auf dem Jahrmarkt Autoscooter.
Eine Fahrt kostet 2 €. Er bekommt von seinem Vater 14 €.

a) Ergänze die Wertetabelle und zeichne den dazu passenden Graphen.

Anzahl der Fahrten	x	1	2	3	
Preis in €	y	2	4		

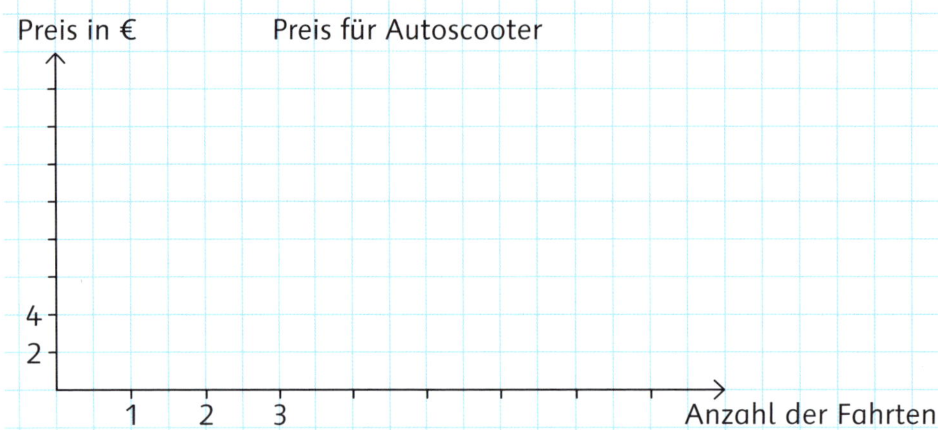

b) Tims Vater meint: „Der Preis in € ist zweimal so hoch wie die Anzahl der Fahrten. Das kann ich auch als Gleichung schreiben.“ Welche Gleichung passt? Kreise ein.

$y = 2x$ $y = 4x$ $y = \frac{1}{2}x$

c) Berechne mit der Gleichung den Preis für 8 (10, 12) Fahrten.

d) Wie viele Fahrten kann Tim mit dem Geld, das er von seinem Vater bekommen hat, bezahlen?

e) Was ist für dich leichter: den gesuchten Wert

☐ aus dem Graphen ablesen oder ☐ mit der Gleichung berechnen?

Kreuze an und begründe.

Die Funktionsgleichung y = m · x + b

Anleitung zum Zeichnen eines Graphen in 3 Schritten:

Schritt 1: Jede Funktion der Form $y = m \cdot x + b$ geht durch den Punkt (0|b). Das heißt, du zeichnest den ersten Punkt immer bei (0|b) ein.

Schritt 2: Du zeichnest ein Steigungsdreieck ein, indem du von Punkt (0|b) eine Strecke bis Punkt (1|b) zeichnest, und von Punkt (1|b) zeichnest du eine weitere Strecke senkrecht zur x-Achse, m-Schritte nach oben oder unten (je nachdem ob m positiv oder negativ ist). Markiere den Endpunkt.

Schritt 3: Zeichne eine Gerade durch den Punkt (0|b) und den markierten Punkt. Achte darauf, dass die Linie **nicht** an den Punkten endet.

1 Zeichne den Graphen zur Funktionsgleichung.

Beispiel: $y = 2x + 1$

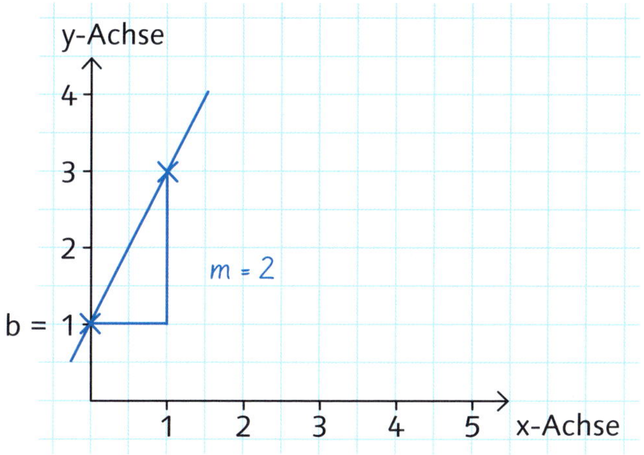

a) Zeichne: $y = 3x + 1$

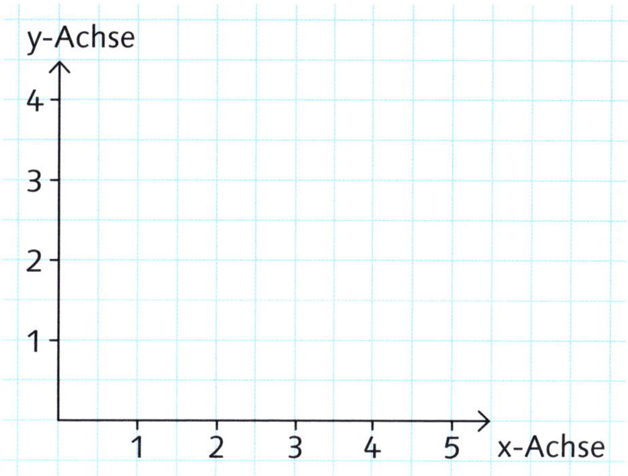

b) Zeichne: $y = -2x + 2{,}5$

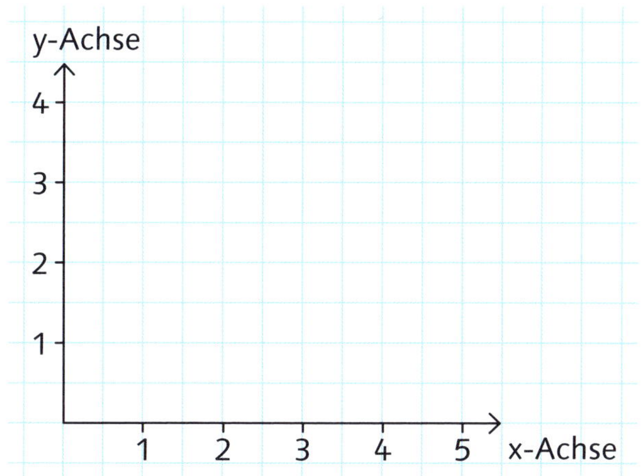

c) Zeichne: $y = -0{,}5x + 4$

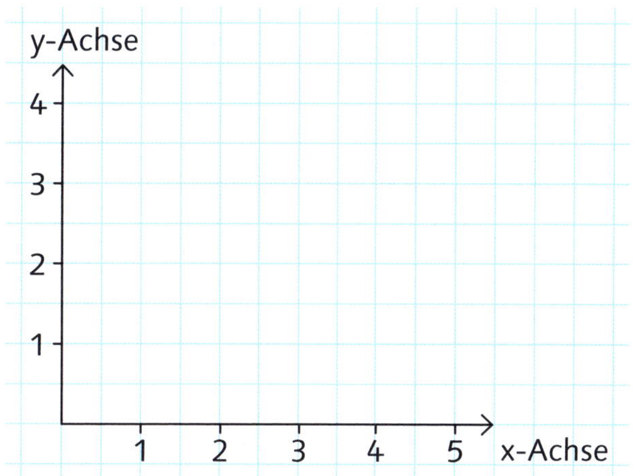

2 Kreuze an.

Die Funktionen in Aufgabe **1** sind

☐ proportional ☐ antiproportional ☐ nicht proportional.

3 Fatma fährt mit ihrer Mutter zur Tankstelle. Der Tank ist noch zu einem Drittel gefüllt. Insgesamt fasst er 60 Liter. Nach 80 Sekunden tanken ist der Tank voll.

a) Zeichne den zugehörigen Graphen ins Koordinatensystem und ergänze die Tabelle.

Tankdauer in s (x)	Tankinhalt in l (y)
0	
10	
20	
30	

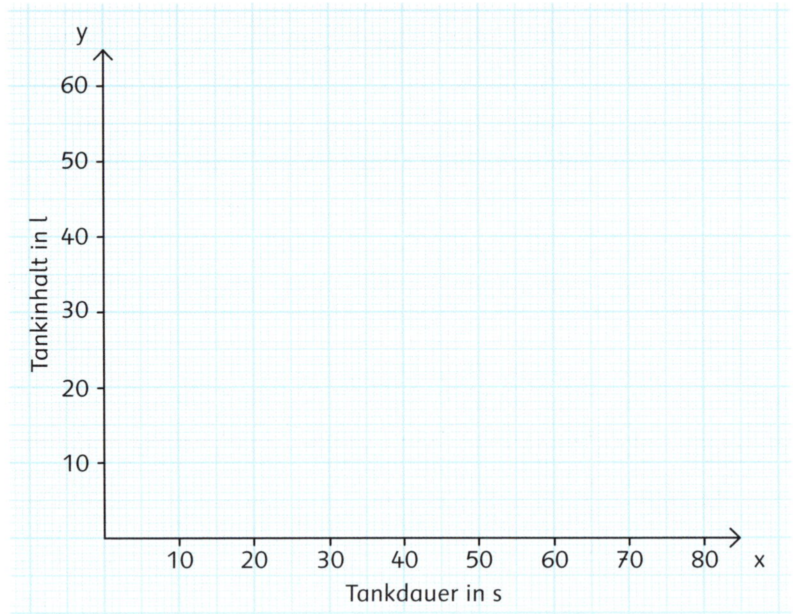

b) Zeichne in den Graphen ein Steigungsdreieck ein und lies die Steigung ab. m = ________

c) Markiere den Schnittpunkt des Graphen mit der y-Achse farbig und bestimme so den y-Achsenabschnitt. b = ________

d) Die allgemeine Funktionsgleichung lautet: $y = mx + b$
Setze für m und b die berechneten Werte ein und bestimme so die Gleichung, die den Tankvorgang beschreibt. y = ________

4 Zeichne die Funktionen mit Hilfe des y-Achsenabschnitts b und der Steigung m.

a) $y = 1x + 2$

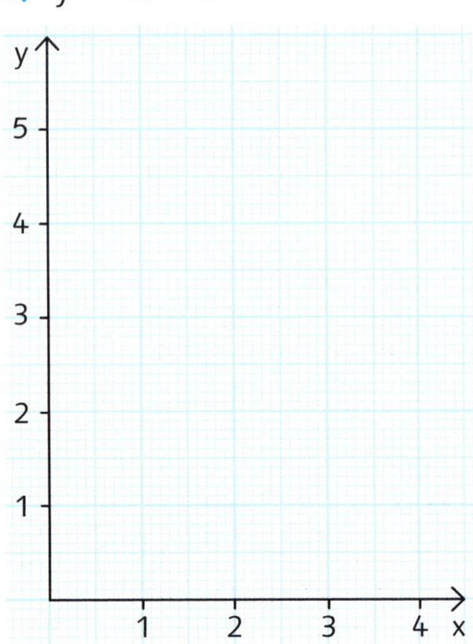

b) $y = 2x + 1{,}5$

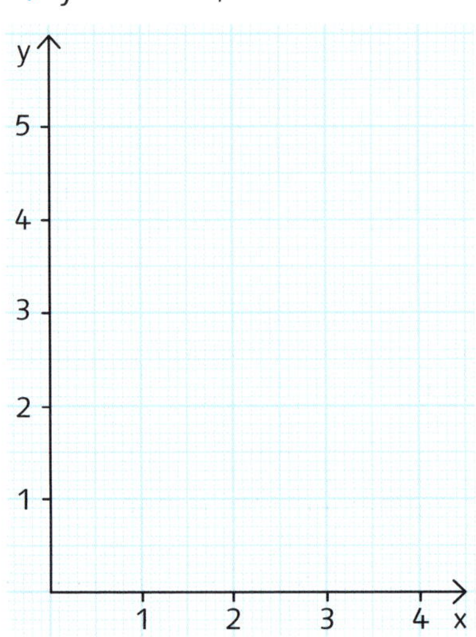

c) $y = 3x + 1$

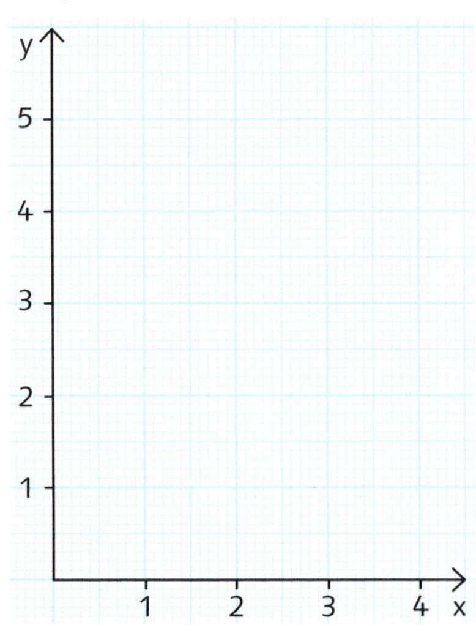

d) Trage in alle Graphen das Steigungsdreieck ein. Kennzeichne b und m.

Das kann ich schon

1 Was ist keine Funktion? Streiche durch.

A
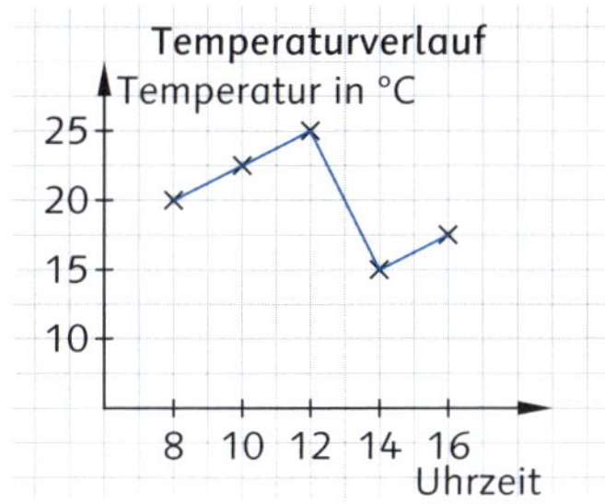

B
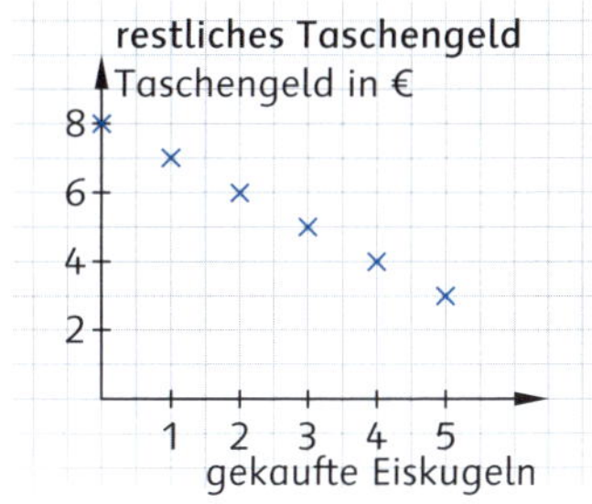

C
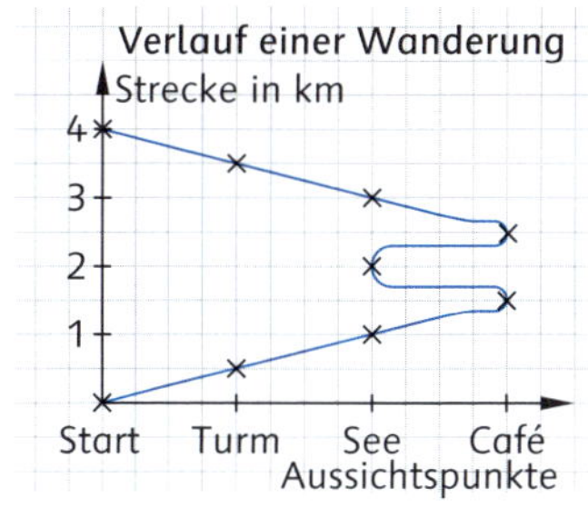

2 Es schneit 6 Stunden lang, wobei in jeder Stunde 10 cm Schnee fallen.
Vorher lagen 5 cm Schnee. Vervollständige die Wertetabelle.

Stunden	0	1	2				
Schneehöhe in cm	5						

3 Zeichne den zu Aufgabe **2** passenden Graphen ins Koordinatensystem.

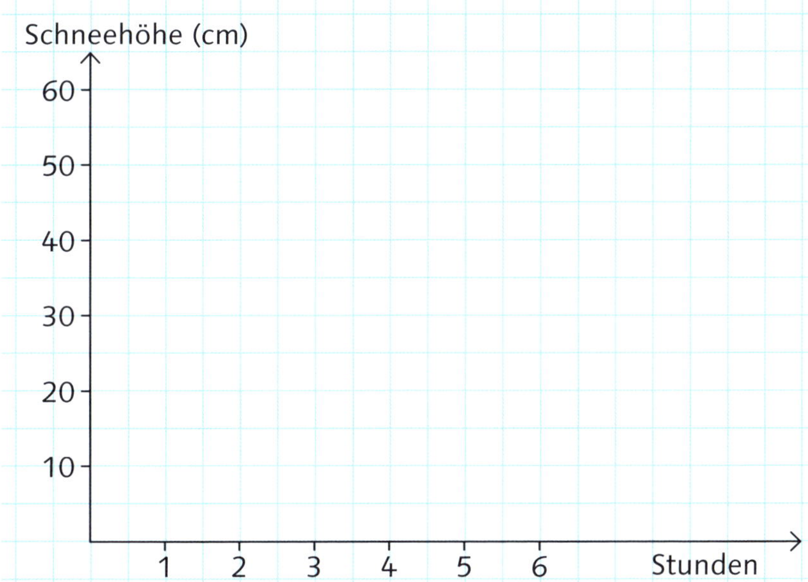

4 a) Zeichne in den Graphen von **3** ein Steigungsdreieck ein und bestimme m.

m = ______

b) Markiere den Schnittpunkt b des Graphen mit der y-Achse. b = ______

c) Schreibe die allgemeine Funktionsgleichung auf und setze dann m und b ein.

Start ins Thema: Koordinaten bestimmen und zeichnen

1 a) Zeichne ein Koordinatensystem.

b) Trage die Begriffe ein. x-Achse y-Achse Nullpunkt

2 Bestimme die Koordinaten. Schreibe sie auf.

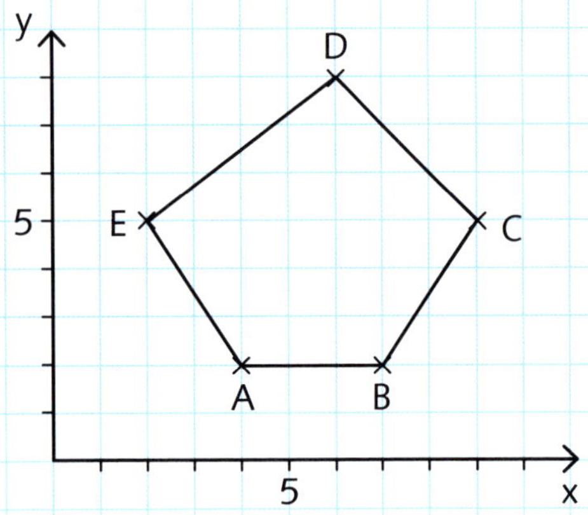

A (|)

B (|)

C (|)

D (|)

E (|)

3 Zeichne ein Koordinatensystem. Trage die Koordinaten als Punkte ein.
Verbinde die Punkte. Welcher Buchstabe entsteht?
A (1 | 1), B (1 | 7), C (3 | 7), D (3 | 5), E (5 | 5), F (5 | 7), G (7 | 7), H (7 | 1),
J (5 | 1), K (5 | 3), L (3 | 3), M (3 | 1)

So gut kann ich die Aufgaben: ☺ 😐 ☹

So geht es: Das erweiterte Koordinatensystem

Gibt es im Koordinatensystem auch negative Zahlen?

Ja, man muss die beiden Achsen verlängern. So wie bei der Zahlengeraden.

1 a) Verlängere in dem Koordinatensystem die x-Achse und die y-Achse.
Ergänze jeweils die Zahlen −10, −8, −6, −4, −2.

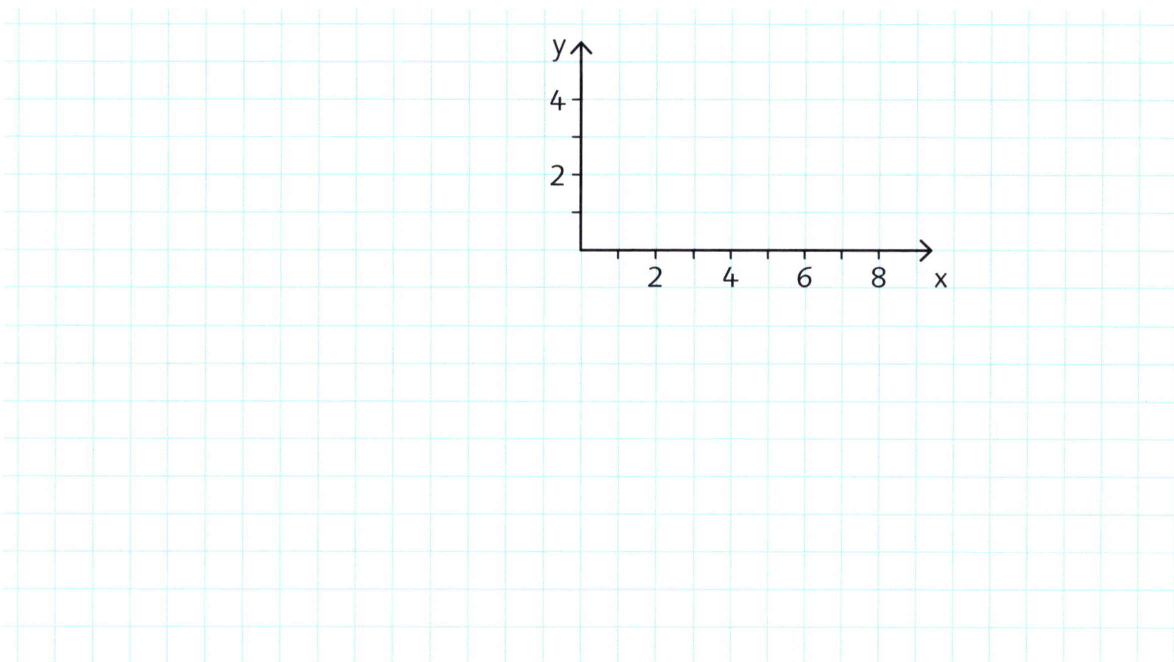

b) In welche Richtungen wird das Koordinatensystem erweitert? Ergänze.

Die x-Achse wird nach ________________ erweitert.

Die y-Achse wird nach ________________ erweitert.

Das **erweiterte Koordinatensystem** wird durch die Achsen in die vier **Quadranten** I, II, III und IV eingeteilt. Der Schnittpunkt der beiden Achsen S (0 | 0) heißt **Nullpunkt**.
Punkt A hat die Koordinaten x = −2
y = 1
Man schreibt kurz: A (−2 | 1).
Punkt A liegt im II. Quadranten.

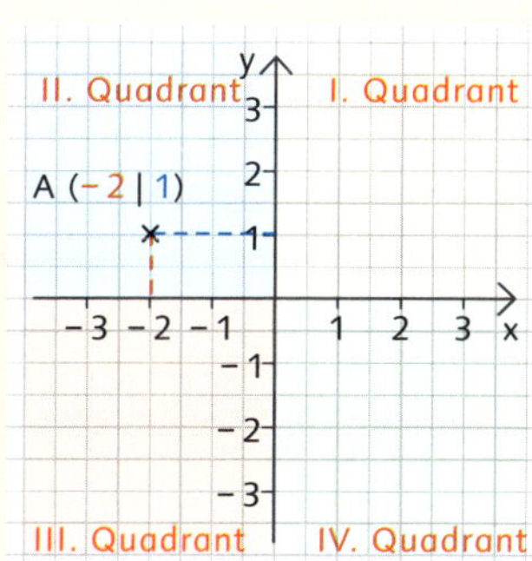

Das erweiterte Koordinatensystem

1 Zeichne ein erweitertes Koordinatensystem. Beschrifte die Achsen, den Nullpunkt und die vier Quadranten.

2 a) Vervollständige das Koordinatensystem und trage folgende Punkte ein:
A (2 | 4), B (−2 | 3),
C (−1 | −2), D (−6 | 2),
E (−4 | 5), F (−3 | −2),
G (2 | 2), H (−6 | 4),
I (−2 | −3), J (0 | 5),
K (1 | 0), L (−5 | 0)

b) Welche Figur kannst du erkennen?

____

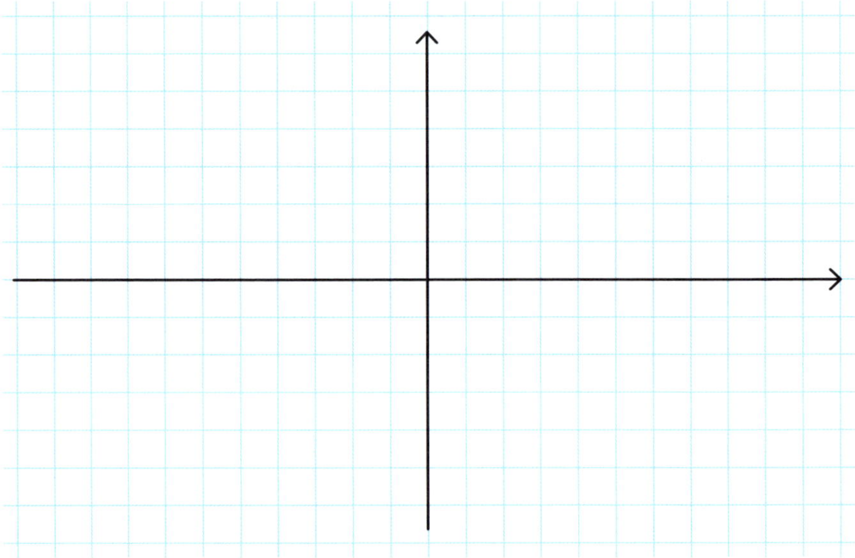

3 Bestimme die Koordinaten der Punkte A bis L. In welchen Quadranten liegen die Punkte?

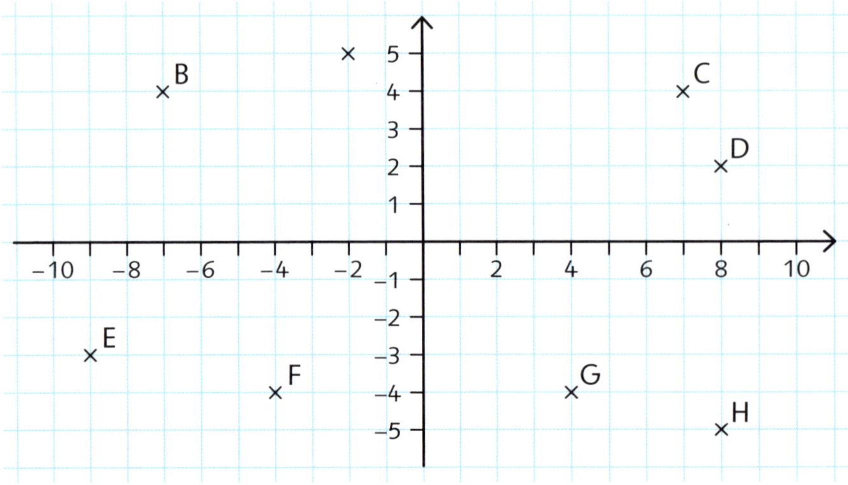

A (−2|5) II. Quadrant

B ______________________

C ______________________

D ______________________

E ______________________

F ______________________

G ______________________

H ______________________

4 Ergänze die Tabelle.

Quadrant	x-Koordinate	y-Koordinate
I		
II	negativ	positiv
III		
IV		

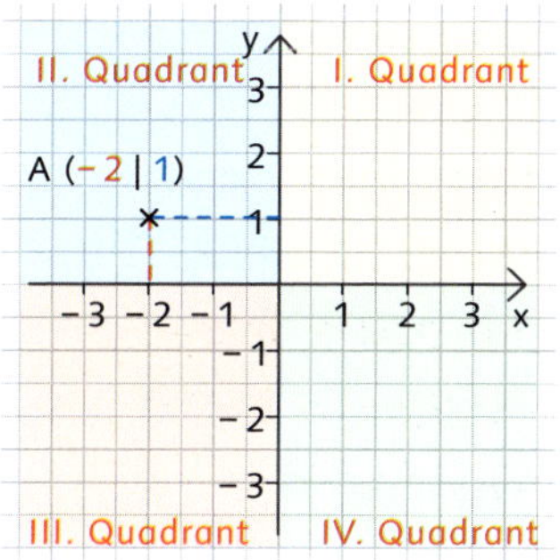

5 Trage die Punkte ins Koordinatensystem ein.

a) A (−6 | 2), B (−4 | 4), C (−1 | 1), D (2 | 4), E (4 | 2), F (1 | −1), G (4 | −4), H (2 | −6), I (−1 | −3), J (−4 | −6), K (−6 | −4), L (−3 | −1)

Welche Figur kannst du erkennen?

____

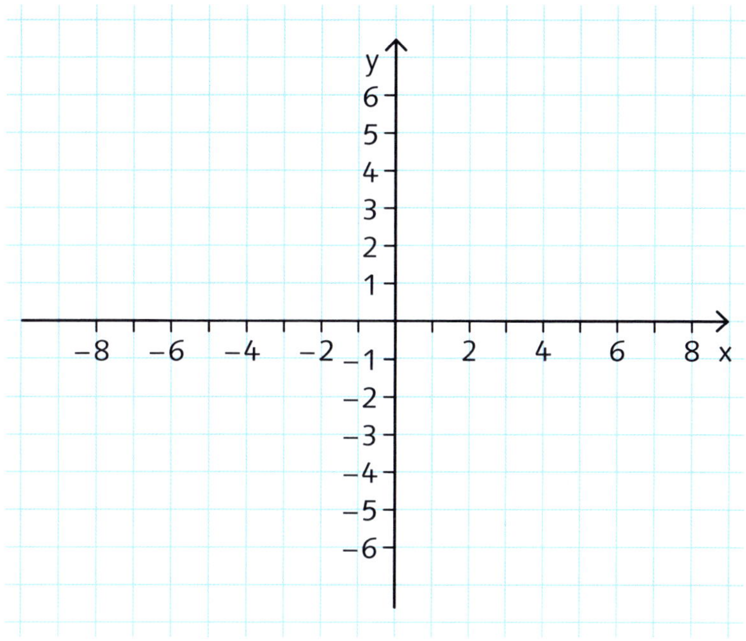

b) A (−3 | 5), B (−6 | 5), C (−8 | 3), D (−9 | 0), E (−8 | −3), F (−6 | −5), G (−3 | −5), H (−5 | −4), I (−7 | −1), J (−7 | 1), K (−5 | 4)

Welche Figur kannst du erkennen?

____

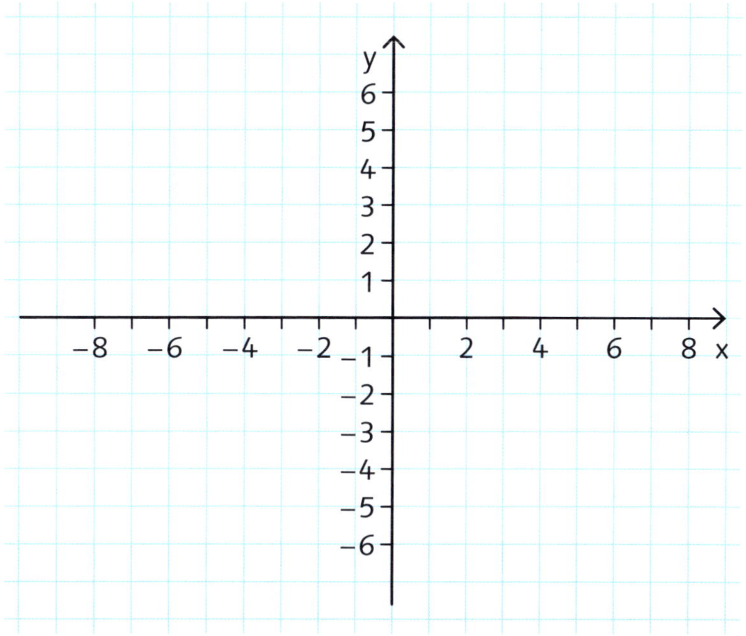

6 Bestimme jeweils die Koordinaten der Punkte A bis K.
In welchen Quadranten liegen die Punkte?

a)

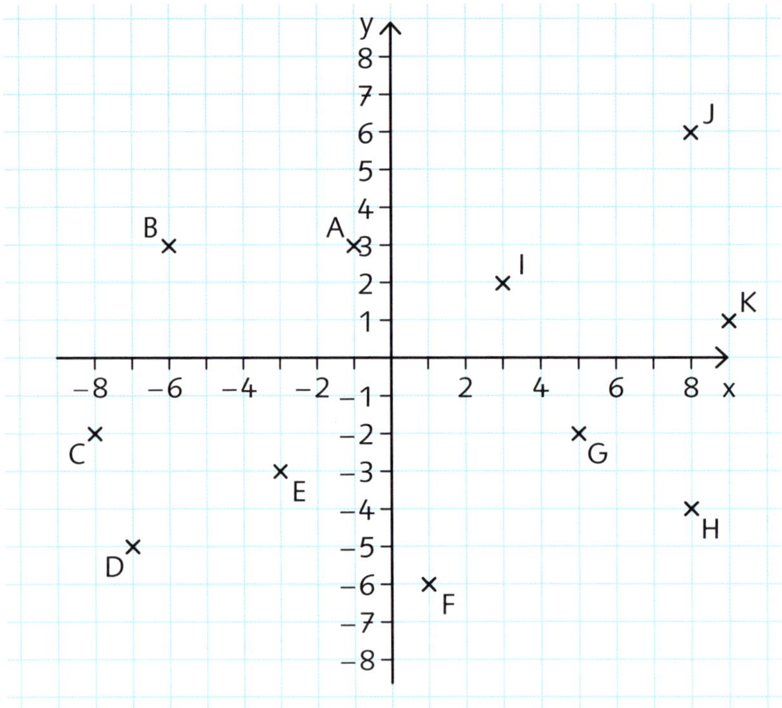

A (−1|3) II. Quadrant

B ____________

C ____________

D ____________

E ____________

F ____________

G ____________

H ____________

I ____________

J ____________

K ____________

b)

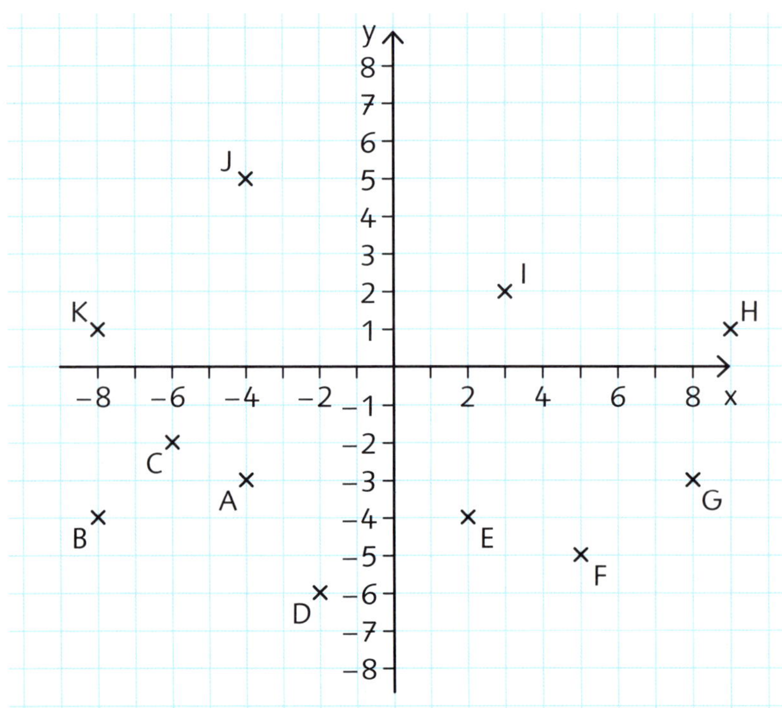

A ____________

B ____________

C ____________

D ____________

E ____________

F ____________

G ____________

H ____________

I ____________

J ____________

K ____________

7 Nenne 3 Punkte, die

– im 1. Quadranten liegen: A (___ | ___), B (___ | ___), C (___ | ___)

– im 2. Quadranten liegen: D (___ | ___), E (___ | ___), F (___ | ___)

– im 3. Quadranten liegen: G (___ | ___), H (___ | ___), I (___ | ___)

- im 4. Quadranten liegen: J (___ | ___), K (___ | ___), L (___ | ___)

Das kann ich schon

1 a) Vervollständige das Koordinatensystem.

b) Beschrifte die Quadranten.

c) Zeichne die Punkte ein.
A(5 | 3), B (5 | −3), C (7 | −5), D (−2 | 4), E (−3 | −4), F (−1 | 5), G (1 | −4)

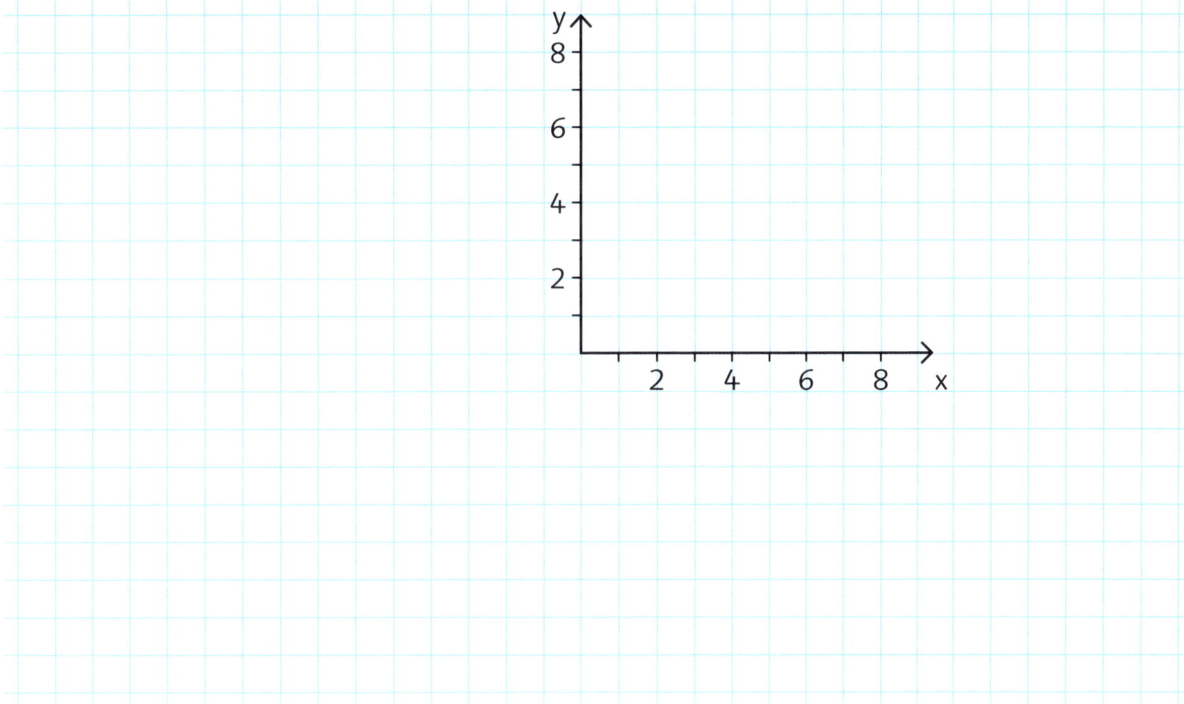

2 a) Bestimme die Koordinaten der Punkte.

b) In welchem Quadranten liegen die Punkte?

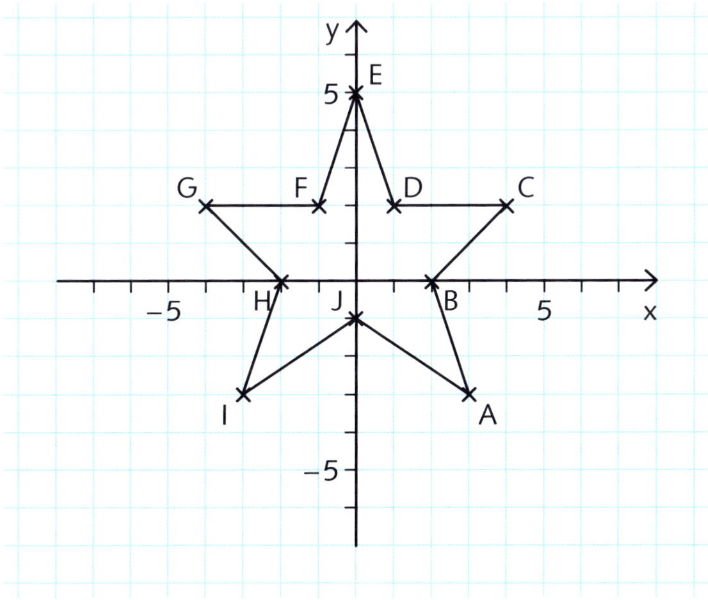

A (|)

Start ins Thema: Zufall oder kein Zufall?

1 Ergänze.

Zufall bedeutet, dass etwas ____________ erkennbare Ursache geschieht.
mit / ohne

Merkmale von Zufallsexperimenten:

1. beliebig oft unter ____________ Bedingungen wiederholbar
   gleichen / verschiedenen
2. ____________ zwei mögliche Ergebnisse
   genau / mindestens
3. Ergebnis ist ____________ vorhersagbar
   sicher / nicht sicher

2 Unter welchen Voraussetzungen wäre dieses Ereignis zufällig, wann nicht? Begründe.

a) Paul und Greta begegnen sich am See.

zufällig: ____________ nicht zufällig: ____________

b) Eine Münze zeigt beim Münzwurf fünfmal hintereinander Kopf an.

zufällig: ____________ nicht zufällig: ____________

3 Entscheide, ob es sich um ein Zufallsexperiment handelt. Kreise ein. Begründe.

Ereignis:	Zufalls-experiment:	Begründung:
a) Beim Flaschendrehen zeigt der Flaschenhals auf Ole.	Ja/Nein	____________
b) Kenan gewinnt beim Karaoke-Wettbewerb.	Ja/Nein	____________
c) Ein gezinkter Würfel zeigt ausschließlich Sechsen.	Ja/Nein	____________

So gut kann ich die Aufgaben: ☺ 😐 ☹

So geht es: Wahrscheinlichkeiten ermitteln und berechnen

Wahrscheinlichkeiten ermitteln

Wenn ein Zufallsexperiment sehr oft durchgeführt wird, ist die **relative Häufigkeit** eines Ergebnisses ein geeigneter Schätzwert für die Wahrscheinlichkeit. Dies bezeichnet man als das **Gesetz der großen Zahlen**.

Beispiel: Ein Kronkorken wurde 500-mal geworfen.

	Krone	Kopf
absolute Häufigkeit	300	200
relative Häufigkeit	$\frac{300}{500} = 0{,}6 = 60\,\%$	$\frac{200}{500} = 0{,}4 = 40\,\%$

Krone

Kopf

Die Wahrscheinlichkeit für „Krone" lässt sich damit als 0,6 bzw. 60 % ermitteln.

Bei Gleichwahrscheinlichkeit: Wahrscheinlichkeiten berechnen

Wenn bei einem Zufallsexperiment alle möglichen Ergebnisse **gleich wahrscheinlich** sind, kann die Wahrscheinlichkeit für ein bestimmtes Ereignis berechnet werden.

$$\text{Wahrscheinlichkeit eines Ergebnisses} = \frac{\text{Anzahl der gewünschten Ergebnisse}}{\text{Anzahl der möglichen Ergebnisse}}$$

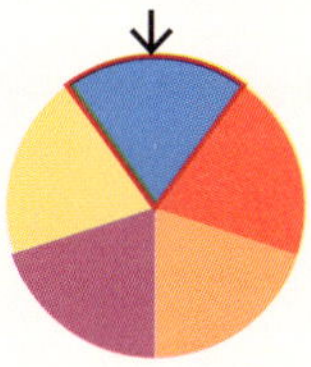

$\frac{1}{5}$ Eins von fünf möglichen Ergebnissen ist Blau.

Die Wahrscheinlichkeit für Blau ist $\frac{1}{5}$.

$\frac{1}{5} = 0{,}2 = 20\,\%$

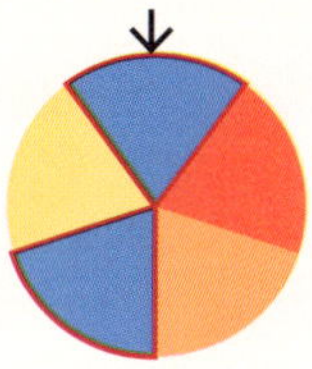

$\frac{2}{5}$ Zwei von fünf möglichen Ergebnissen sind Blau.

Die Wahrscheinlichkeit für Blau ist $\frac{2}{5}$.

$\frac{2}{5} = 0{,}4 = 40\,\%$

1 Notiere jeweils deinen Lösungsweg.
Wie groß ist die Wahrscheinlichkeit, mit dem Glücksrad …

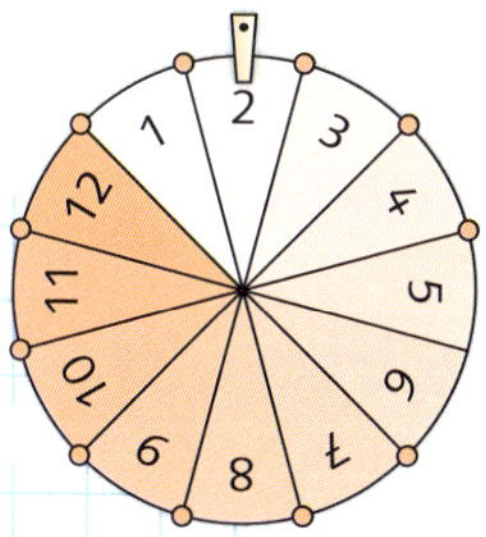

a) eine 12 zu drehen?

b) eine 0 zu drehen?

c) eine 1 oder 12 zu drehen?

Zufallsexperimente

1 a) Wer hat recht? Kreise ein.

Es ist viel unwahrscheinlicher eine Sechs zu würfeln als eine andere Zahl.

Du hast einfach nur Pech. Ob eine Sechs oder eine andere Zahl kommt, hängt vom Zufall ab.

b) Begründe deine Entscheidung.

2 Kann man das als Zufallsexperiment auffassen? Kreuze an.
Wenn ja, welche Ergebnisse sind möglich?

	Zufallsexperiment?		mögliche Ergebnisse
	ja	nein	
Zwei Mitschüler haben am selben Tag Geburtstag.			
Der Kirschbaum blüht im April.			
Ben zerbricht aus Wut einen Bleistift.			

3 Wie wahrscheinlich ist es, dass diese Ereignisse eintreten?
Ordne in der Skala die Buchstaben entsprechend an.

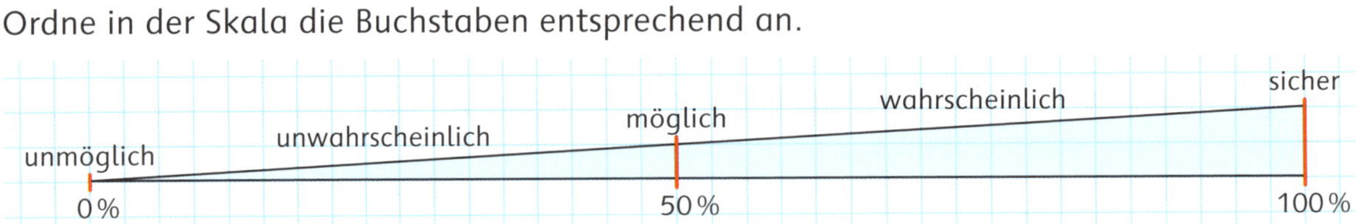

A Von zwei langen und einem kurzen Strohhalm wird der lange gezogen.

B Bei der Lottoziehung im Fernsehen wird die 5 zweimal gezogen.

C Beim Würfeln kommt eine 1 bis 6.

D Beim Münzwurf kommt „Kopf".

E Von 100 Losen sind 99 Nieten. Du ziehst eine Niete.

F Von 100 Losen sind 99 Nieten. Du ziehst einen Gewinn.

Wahrscheinlichkeiten ermitteln

1 Lisa und Lena haben nach einer Anleitung jeweils einen achtseitigen Kreisel aus einem Zahnstocher und Tonpapier gebastelt und diese jeweils mit den Ziffern 1 bis 8 beschriftet.

a) Lisa überprüft mit 160 Drehungen, ob der Kreisel gelungen ist. Lena dreht nur 32-mal und gibt dann enttäuscht auf.
Berechne zuerst jeweils die relative Häufigkeit und beurteile danach ob die Kreisel fair sind. Gib das Ergebnis auf zwei Stellen nach dem Komma an.
Nutze den Taschenrechner.

gedrehte Zahl	1	2	3	4	5	6	7	8
Anzahl der Drehungen Lisa	18	22	17	18	21	23	20	21
relative Häufigkeit	11,25 %							
Anzahl der Drehungen Lena	5	3	4	6	4	2	8	0
relative Häufigkeit								

Beurteilung: ______________________________

____

b) Mit welchem Gesetz zur Ermittlung der relativen Häufigkeit könnte man Lena davon überzeugen, den Versuch weiterzuführen und nicht nach 32 Drehungen aufzugeben?

____

2 Das Spiel „Knöpfchen werfen" spielen Ben und Juri gern. Ben hat bei 120 Würfen 44 Treffer erzielt. Juri traf von 90 Würfen 37-mal die Schale.

a) Wer von beiden ist zu diesem Zeitpunkt der bessere Werfer?

b) Warum kann man nicht sagen, dass der Spieler mit der höheren Trefferquote beim nächsten Spiel gewinnt? Begründe.

Begründung: ______________________________

____

3 Bei einer Verkehrskontrolle wurden 284 Autofahrer kontrolliert. Hierbei sind verschiedene Verstöße festgestellt worden. Berechne die relative Häufigkeit in Prozent.
Sage voraus, wie viele der 40 Mio. Autofahrer in Deutschland ungefähr täglich gegen die gleichen Regeln verstoßen. Nutze den Taschenrechner. Rechne mit dem Prozentfaktor.

Verstoß	absolute Häufigkeit	relative Häufigkeit	Prozent-faktor	Voraussage bei 40 Mio. Autofahrern täglich
Handynutzung während der Fahrt	27			
Auto ohne gültigen TÜV	3			
Fahren ohne Fahrerlaubnis	1			
Fahren ohne Sicherheitsgurt	11			

4 Noah hat seinen neu gekauften „gezinkten" Würfel aus Versehen mit anderen gleichfarbigen Würfeln gemischt. Dabei wollte er diesen doch Kenan zeigen. Er wirft den erstbesten Würfel 5-mal und erzielt dabei drei Sechser und freut sich, dass er ihn auf Anhieb gefunden hat. Warum kann Noah sich nach dieser Stichprobe nicht sicher sein, dass er den richtigen Würfel gefunden hat?

Antwort: ______________________________

____

5 Beim Torwandschießen trifft Tim von 20 Schuss 5-mal oben und 3-mal unten.
Paul hingegen trifft von 20 Schuss 3-mal oben und 5-mal unten.

a) Berechne jeweils für Tim und Paul die relativen Häufigkeiten für „Treffer", „Treffer oben" und „Treffer unten".

b) Für einen Fußballtrainer wäre Tim der bessere Schütze. Begründe.

____

____

6 Beim Spiel „Knöpfchen werfen“ untersucht Ole die Entwicklung seiner Trefferquote. Hierzu notiert er nach jeweils 10 Würfen die Anzahl der bis dahin erzielten Treffer.

a) Berechne jeweils die Trefferquote. Nutze den Taschenrechner.

b) Trage die Trefferquote in ein Koordinatensystem ein. Verbinde die Punkte mit einer Linie.

c) Lies ab, ab welchem Wert sich die relative Häufigkeit nicht mehr weiter verändert.

Antwort: ______________________

Anzahl der Würfe	Anzahl der Treffer	Trefferquote
10	2	
20	5	
30	8	
40	10	
50	13	
60	15	

7 Am nächsten Tag trainiert Ole weiter. Jedoch mag ihm kein Wurf gelingen. Vermute anhand der abgebildeten Grafiken, warum Oles Trefferquote nicht konstant ist.

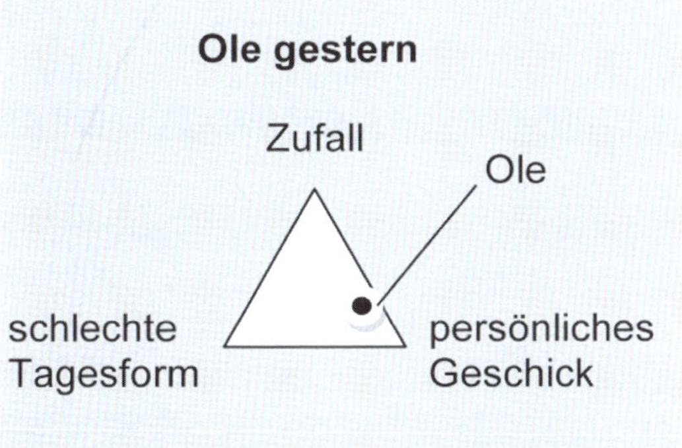

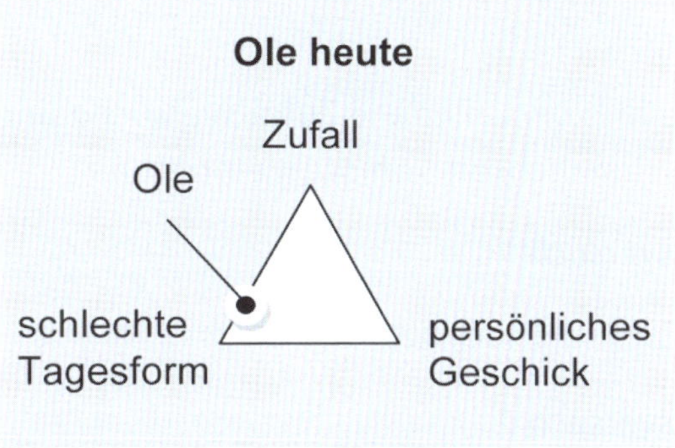

Antwort: ______________________

____

____

Wahrscheinlichkeiten berechnen

1 Hier wurden bei der Berechnung der Wahrscheinlichkeiten der Wurfergebnisse eines Spielwürfels Fehler gemacht. Finde sie und rechne richtig.

Die Wahrscheinlichkeit eine 6 zu würfeln ist:

$\frac{6}{1} = 6$

Berichtigung:

Die Wahrscheinlichkeit eine ungerade Zahl zu würfeln ist:

$\frac{2}{6} = \frac{1}{3} = 0,\overline{3}$

Die Wahrscheinlichkeit keine 6 zu würfeln ist:

$\frac{1}{6} = 0,1\overline{6}$

2 Ordne jeder Situation die entsprechenden Wahrscheinlichkeiten zu. Male jeweils zusammenpassende Felder in der gleichen Farbe an.

an einem Glücksrad mit 12 gleich großen und von 1 bis 12 benannten Feldern eine gerade Zahl drehen

$\frac{1}{2}$

0

20 von 100 Schokoladenhasen sind zu warm gelagert worden. Du kaufst einen davon.

25 %

$\frac{1}{4}$

$0,\overline{3}$

50 %

$33,\overline{3}$ %

$\frac{1}{3}$

90 %

0,9

eine 8 mit einem Spielwürfel würfeln

von 10 Losen mit 9 Nieten eine Niete ziehen

von vier Strohhalmen den kurzen ziehen

eine von drei Karten ist ein Ass und wird gezogen

20 %

0,25

0,5

0,2

$\frac{9}{10}$

3 Nenne drei verschiedene Zufallsversuche und die entsprechenden Ergebnisse, die mit einer Wahrscheinlichkeit von 50 % eintreten.

Zufallsversuch 1: ______________________

____

Zufallsversuch 2: ______________________

____

Zufallsversuch 3: ______________________

____

4 Bei zwei sechsseitigen Würfeln gibt es insgesamt 36 Kombinationsmöglichkeiten. Fülle die Tabelle aus. Welche Augensumme ist am wahrscheinlichsten? Kreise ein.

Augensumme	Ergebnisse (Würfel 1/ Würfel 2)	Wahrscheinlichkeit
2	(1, 1)	$\frac{1}{36} \approx 0{,}0277 \approx 2{,}8\,\%$
3		
4		
5		
6		
7		
8		
9		
10		
11		
12		

5 In einem Eignungstest soll Ben zwei Aufgaben zum Ankreuzen lösen (Multiple Choice). Es gibt jeweils fünf Antwortmöglichkeiten. Von diesen fünf Möglichkeiten ist jeweils nur eine richtig. Da Ben diese Aufgaben nicht beantworten kann, muss er die Lösung raten. Beantworte die folgenden Fragen mit Hilfe des Baumdiagramms und trage die Lösungen ein. Wie hoch ist die Wahrscheinlichkeit, dass …

a) Aufgabe ① und Aufgabe ② jeweils richtig beantwortet wurden?

b) Aufgabe ① richtig beantwortet und Aufgabe ② falsch beantwortet wurde?

c) Aufgabe ① falsch beantwortet und Aufgabe ② richtig beantwortet wurde?

d) Aufgabe ① und Aufgabe ② jeweils falsch beantwortet wurden?

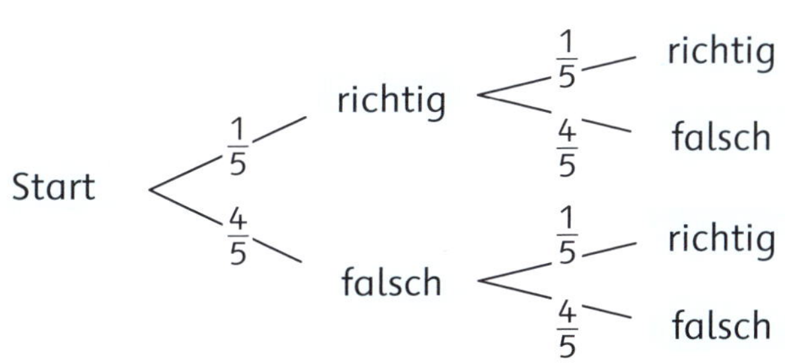

$\frac{1}{5}$	· $\frac{1}{5}$	= $\frac{1}{25}$	=	______	%
$\frac{1}{5}$	·	=	=	______	%
$\frac{4}{5}$	·	=	=	______	%
	·	=	=	______	%

6 Paul hat beim Würfeln viermal hintereinander eine 1 geworfen. Kenan meint, dass Paul beim nächsten Wurf auf jeden Fall keine 1 mehr würfeln wird. Hat Kenan recht? Begründe.

____

____

7 Eine Supermarktkette hat in seinen Lieferverträgen stehen, dass sie die Ware von den Landwirten nicht abnehmen, wenn 5 % des frischen Gemüses und Obstes verdorben ist.

a) Berechne jeweils die relative Häufigkeit und umkreise die Namen der Landwirte, deren Waren nicht abgenommen werden.

Landwirt	Bernd	Janßen	Bruns	Johanns	Wilken	Müller	Peters
überprüfte Stückzahl	100	70	200	4	120	55	130
davon verdorben	3	4	8	1	8	1	5
relative Häufigkeit							

b) Landwirt Johanns beschwert sich darüber, dass seine Ware nicht abgenommen wird und bekommt recht. Begründe.

Antwort: ______________________________

8 Ben hört im Radio, dass es eine Rückrufaktion von Leberwürsten gibt, die mit Salmonellen verunreinigt sein sollen. Da er gerade von dieser Leberwurst gegessen hat, ruft er die Servicenummer des Unternehmens an. Ben fragt nach, wie besorgt er sein müsse sich angesteckt zu haben. Ihm wird geantwortet, dass bei einer Produktion von 16 000 Leberwürsten nur 0,5 % der Würste mit Salmonellen verunreinigt sein können.

a) Berechne jeweils die absolute Häufigkeit der verunreinigten Leberwürste.

b) Würden dich die Aussagen des Unternehmens beruhigen? Begründe.

Antwort: ______________________________

9 Auf den Beipackzetteln von Medikamenten sind die Nebenwirkungen in fünf Stufen angegeben. Berechne die relativen Häufigkeiten in Prozent. Nutze den Taschenrechner. Gib jeweils den genauen Wert an.

Häufigkeitskategorie	relative Häufigkeit in Prozent
sehr häufig: mehr als 1 Anwender von 10	
häufig: 1 bis 10 Anwender von 100	
gelegentlich: 1 bis 10 Anwender von 1 000	
selten: 1 bis 10 Anwender von 10 000	
sehr selten: weniger als 1 Anwender von 10 000	

10 Glücksräder

Glücksrad 1

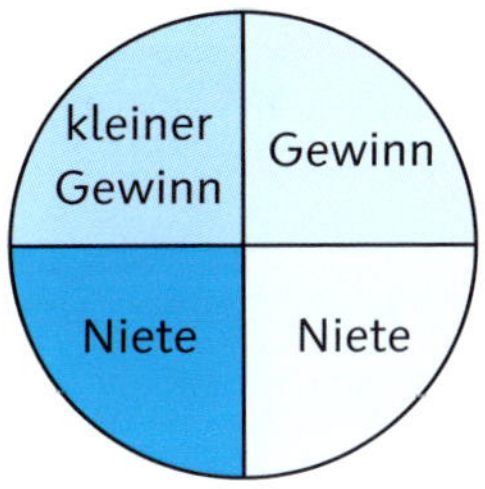

Glücksrad 2

a) Wie groß ist die Wahrscheinlichkeit an beiden Glücksrädern …

Glücks-rad	einen Gewinn zu drehen?	eine Niete zu drehen?	einen kleinen Gewinn zu drehen?	überhaupt etwas zu gewinnen?
1				
2				

b) An welchem Glücksrad würdest du lieber drehen? Begründe deine Meinung mit Hilfe der berechneten Wahrscheinlichkeiten aus Aufgabe a).

11 Ein seltsames Glücksrad

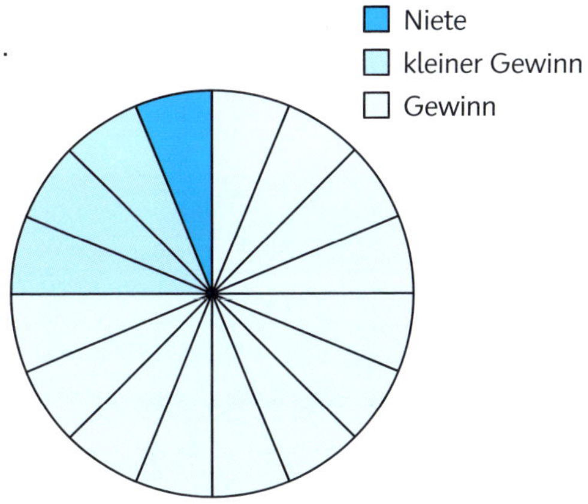

a) Wie groß ist die Wahrscheinlichkeit mit dem Glücksrad …

einen Gewinn zu drehen?	eine Niete zu drehen?

einen kleinen Gewinn zu drehen?	überhaupt etwas zu gewinnen?

b) Wie müsste ein Glücksrad mit folgenden Wahrscheinlichkeiten aussehen:
Gewinn: 12,5 %;
kleiner Gewinn: 25 %;
Niete: 62,5 %.
Zeichne ein.

12 Das abgebildete Glücksrad wird zweimal gedreht.

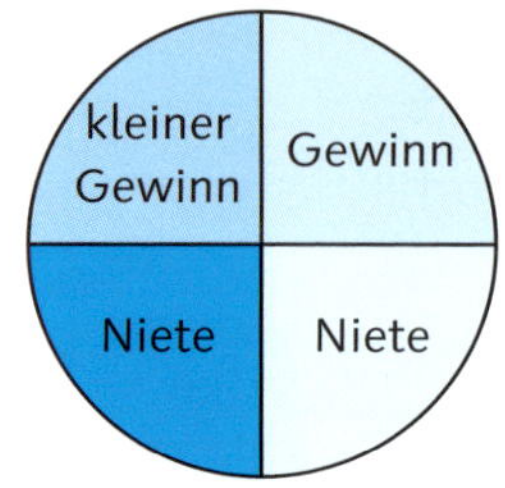

a) Berechne mit Hilfe des Baumdiagramms die Wahrscheinlichkeiten dafür, dass folgende Felder nacheinander gedreht werden:

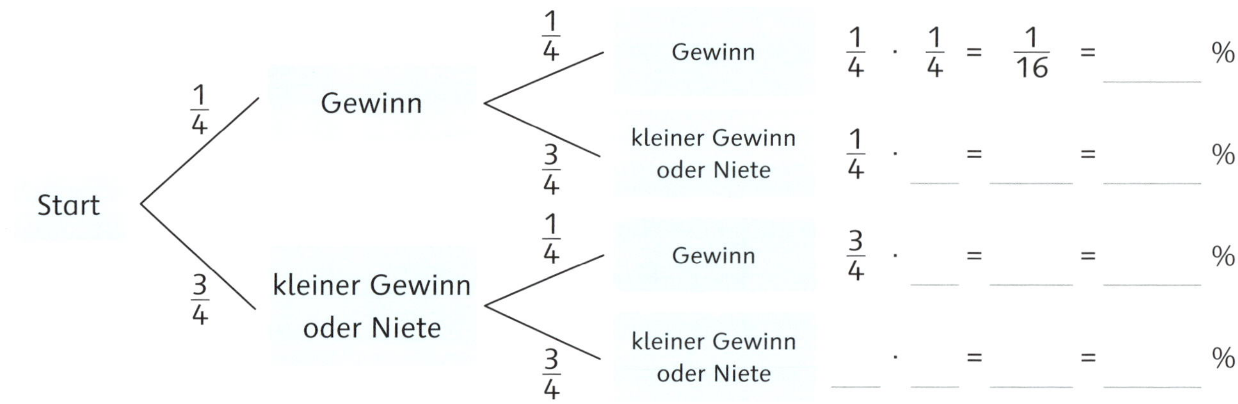

b) Warum steht auf dem Ast zum „Gewinn" $\frac{1}{4}$, warum auf dem Ast zu „kleiner Gewinn oder Niete" $\frac{3}{4}$? Erkläre.

Antwort: ______________________________

____

13 Das Glücksrad wird zweimal gedreht. Berechnet werden sollen die Wahrscheinlichkeiten aus allen Kombinationen von „etwas gewonnen" und „Niete".

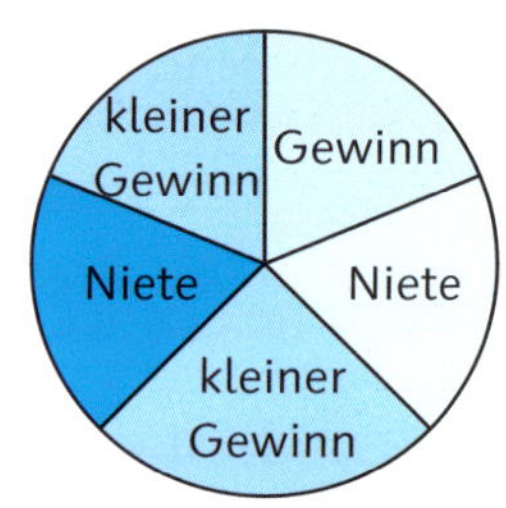

Beschrifte die Äste des Baumdiagramms mit den passenden Brüchen und berechne jeweils die Wahrscheinlichkeiten.

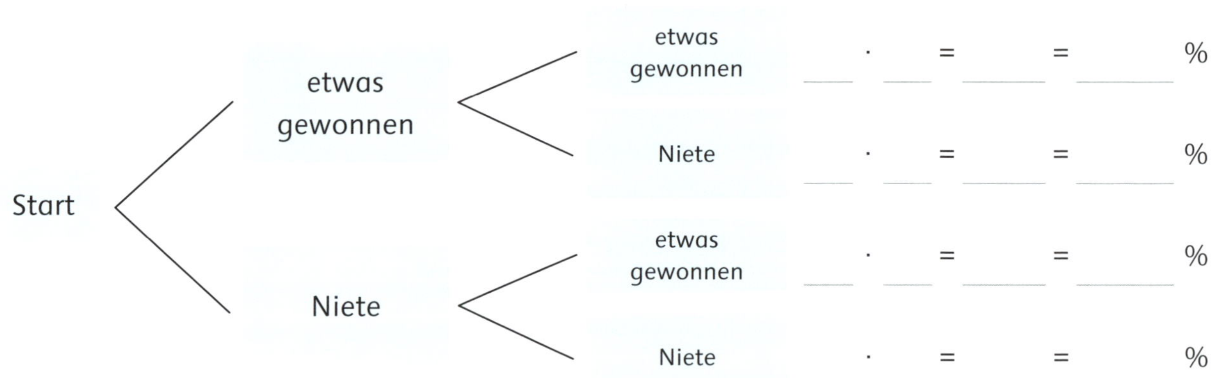

14 In einem Topf sind 500 Lose. Ergänze die Tabelle.

Ergebnis	Wahrscheinlichkeit
Du ziehst einen von 5 großen Gewinnen.	
	100 % Gewinn

Faire Spiele

1 Fußball, Schwimmen oder Fahrradtour?
Kenan, Juri und Ole können sich nicht einigen. Sie wollen zwei Münzen werfen.

Ist das fair? Begründe deine Meinung.

2 Ole, Juri und Tim haben nur ein Waveboard. Sie beschließen, dass ein Zufallsexperiment entscheiden soll, wer zuerst fahren darf. Mit welchem der beiden Zufallsversuche lässt sich die Situation fair entscheiden? Begründe. Du kannst zur Begründung auch ein Baumdiagramm zeichnen.

Zufallsexperiment:	Fair?	Begründung:
1 Ole hält drei Grashalme in der Hand, einer ist kürzer als die anderen. Juri zieht zuerst einen von dreien, Tim danach einen von zweien.	Ja/Nein	

Tipp: Zeichne ein Baumdiagramm.

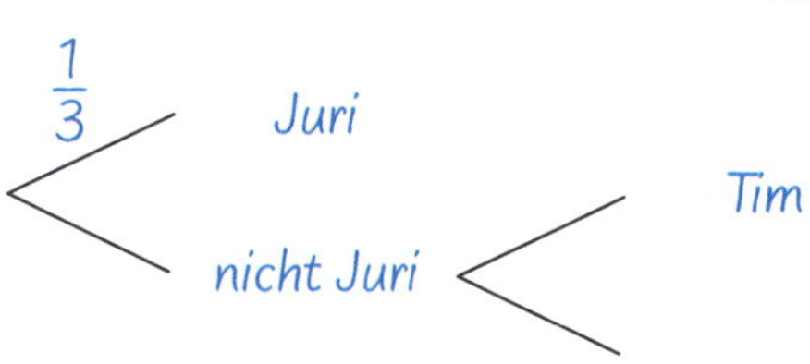

Zufallsexperiment:	Fair?	Begründung:
2 Es wird mit einem Würfel gewürfelt. Die höchste Zahl gewinnt. Bei Gleichstand wird noch ein weiteres Mal gewürfelt	Ja/Nein	

Glücksspiele

1 Welche der folgenden Aussagen treffen auf ein Glücksspiel (✕), welche auf ein Gewinnspiel (✓) zu? Kreuze entsprechend an.

Tipp:
Vier Aussagen treffen auf ein Glücksspiel zu.

☐ Ist eine hervorragende Werbung für ein Unternehmen.
☐ Sind erst ab 18 Jahren erlaubt.
☐ Dürfen nur in vom Staat genehmigten Einrichtungen durchgeführt werden.
☐ Für die Teilnahme muss man nicht zwingend 18 Jahre alt sein. Häufig reicht auch eine Unterschrift des Erziehungsberechtigten aus.
☐ Die Teilnahme ist kostenlos.
☐ Ich muss einen Einsatz leisten, um am Spiel teilnehmen zu dürfen.
☐ Unternehmen versuchen über ein Gewinnspiel an die persönlichen Daten möglicher Kunden zu kommen.
☐ Gewinn und Verlust liegen nicht in den Händen des Spielers sondern hängen allein vom Zufall ab.

2 In vielen Kneipen und Vereinslokalen findet man Geldspielautomaten, die oft auch als „Einarmige Banditen" bezeichnet werden. Von dem Geld, das die Spieler in die Automaten werfen, gehen bereits 40 % an die Betreiber dieser Automaten. Um die restlichen 60 % des in den Automaten eingeworfenen Geldes kann man dann spielen.

a) Wie viel Geld kann man höchstens gewinnen, wenn sich 15 € im Geldspielautomaten befinden?

b) Insbesondere süchtige Spieler meinen, dass Geldspielautomaten nach einer gewissen Spielzeit „lockerer" werden. Was meinst du dazu?

3 Ein großer Privatsender verlost jeden Abend im Vorabendprogramm ein bis zwei Geräte aus der Unterhaltungselektronik (z. B. Computer oder Fernseher). Um gewinnen zu können, muss man nur anrufen und eine einfache Frage beantworten. Der Anruf kostet 50 Cent.

a) Wie viele Zuschauer müssen anrufen, bis der Sender den Einkaufspreis der Gewinne in Höhe von 1 500 € eingenommen hat?

Antwort: ______________________________

b) Diese Sendung hat im Durchschnitt 1,2 Mio. Zuschauer. Von denen ruft nach seriösen Schätzungen jede zehnte einmal an. Wie viel verdient der Sender nach Abzug des Einkaufspreises für die Gewinne an dieser Fernsehverlosung?

Antwort: ______________________________

c) Warum wird vor der Teilnahme an solchen Glücksspielen gewarnt? Vermute.

Vermutung: ______________________________

____

4 In vielen Glücksspielen wird getrickst. So fällt es Spielern noch schwerer, das Spielen zu beenden. Ordne jedem Trick die passende Überschrift zu.

Hätte, hätte, Fahrradkette: Die Fast-Gewinne | Jetzt oder nie! | Versteckter Geldeinsatz | Scheinbare Steuerung

____

Bei einigen Spielen wie beim Roulette oder am Spielautomaten wird man zu schnellen Entscheidungen gezwungen. Man verliert schnell den Überblick und riskiert mehr. Letztlich verliert man auch die Kontrolle über den eigenen Geldeinsatz.

____

Bei Automatenspielen denken viele Leute, sie können durch die Start-Stop-Tasten ihr Risiko einschätzen und ihre Chancen erhöhen. Das ist falsch, es bleibt ein Glücksspiel.

____

Wenn Spielgeld wie Jetons oder virtuelle Punkte verwendet werden, verliert man das Gefühl für seinen Spieleinsatz. Aber auch das „unechte" Geld muss mit echtem Geld bezahlt werden.

____

Jeder Spieler kennt das Gefühl: Hätte am Automaten noch das letzte Symbol gestimmt, … Wäre beim Roulette die Kugel ein Feld zuvor liegen geblieben …. Dann will man „nur noch eine allerletzte Runde" spielen. Das ist falsch – die Chancen werden nicht besser.

Das kann ich schon

1 a) Wie groß ist die Wahrscheinlichkeit, jeweils eine …

Würfel	5 zu würfeln?	5 oder 6 zu würfeln?	gerade Zahl zu würfeln?
6-seitiger Würfel			
12-seitiger Würfel			

b) Nenne jeweils zwei Zufallsexperimente und deren Ergebnisse.

Wahrscheinlichkeit	Zufallsexperimente und deren Ergebnisse
$\frac{1}{2} = 50\,\%$	
$\frac{2}{3} = 66{,}6\,\%$	

☺😐☹

2 Beim Tischtennis waren Ina und Mira sehr erfolgreich. Ina hat 12 von 16 Punktspielen gewonnen, Mira 13 von 17. Welche von den beiden hat zu diesem Zeitpunkt die höchste Gewinnquote? Nutze den Taschenrechner. Runde sinnvoll.

☺😐☹ Antwort: ______

3 Eine Krankheit wird mit einer Genauigkeit von 95 % per Blutschnelltest diagnostiziert. Diese Krankheit erleiden pro Jahr etwa 17 000 Menschen in Deutschland.

a) Berechne die absolute Häufigkeit bei der die Krankheit nicht entdeckt wird.

b) Die Genauigkeit von 95 % ist für einen Blutschnelltest medizinisch gesehen in Ordnung. Was meinst du dazu? Begründe.

Antwort: ______

______

☺😐☹ ______

Auf einen Blick:

Zuordnungen und Funktionen / Zufall

Zuordnungen

Bei einer **Zuordnung** werden Werte aus zwei Bereichen in Verbindung zueinander gesetzt. Zuordnungen lassen sich in einer Wertetabelle oder als Graph im Koordinatensystem darstellen.

Die meisten Zuordnungen im Alltag sind weder proportional noch antiproportional. Man spricht von **nicht proportionalen Zuordnungen**.

Beispiele:

Anzahl der Schüler/-innen	x	3	3	5	6	4	0
Zensur	y	1	2	3	4	5	6

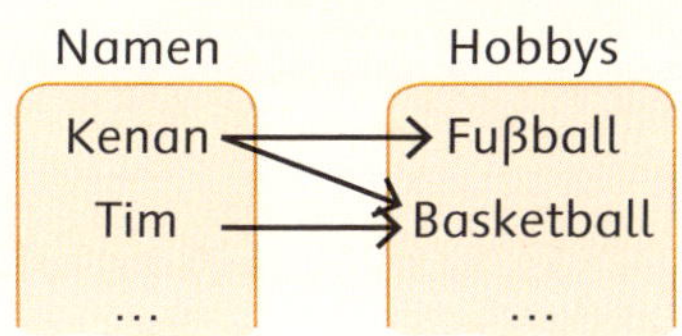

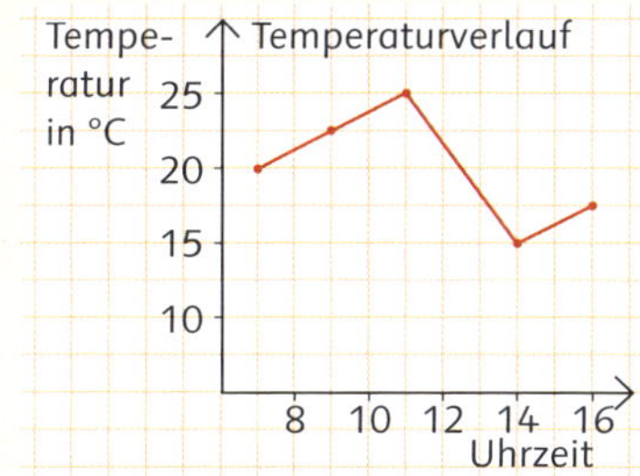

Proportionale Zuordnungen

Es gilt: Wenn der Wert auf der einen Seite **verdoppelt** wird, muss auch der zugehörige Wert auf der anderen Seite **verdoppelt** werden.

Äpfel

	Menge in kg	Preis in €	
·2	1	2,50	·2
	2	5,00	

Darstellung im Koordinatensystem: **Halbgerade**, beginnend im Nullpunkt

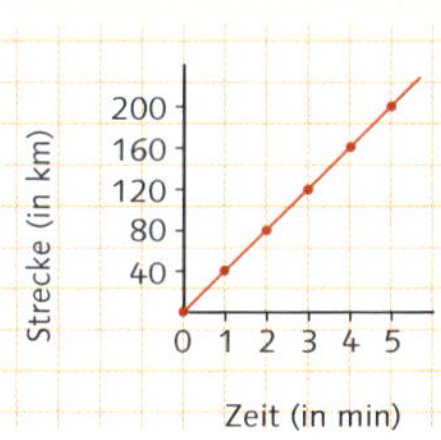

Antiproportionale Zuordnungen

Es gilt: Wenn der Wert auf der einen Seite **verdoppelt** wird, muss der zugehörige Wert auf der anderen Seite **halbiert** werden.

Bonbons verteilen

	Anzahl an Personen	Bonbons pro Person	
·2	1	6	:2
	2	3	

Darstellung im Koordinatensystem: **Hyperbel**

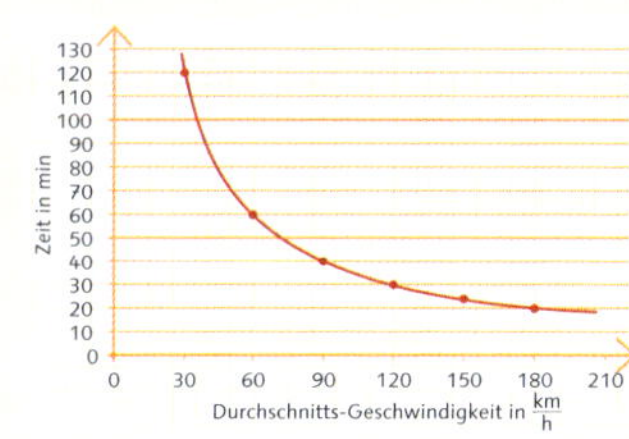

Dreisatz

Wenn aus einer vorgegebenen proportionalen oder antiproportionalen Zuordnung nicht direkt ein weiteres Wertepaar berechnet werden kann, hilft der Dreisatz

1. Die vorgegebenen Werte in eine Wertetabelle eintragen.
2. **Den zugeordneten Wert für 1 berechnen.**
3. Das gesuchte Wertepaar berechnen.

proportionale Zuordnung

Kinokarten

	Anzahl	Preis in €	
	2	14	
:2	1	7	:2
·3	3	21	·3

antiproportionale Zuordnung

Aufbau

	Anzahl Helfer	Zeit in min	
	3	30	
:3	1	90	·3
·5	5	18	:5

Funktionen

Wenn man bei Zuordnungen jedem x-Wert genau einen y-Wert zuordnen kann, spricht man von einer **Funktion**.

Beispiele für Funktionen:

Anzahl der DVDs	x	0	1	2
Kosten in €	y	0	5	10

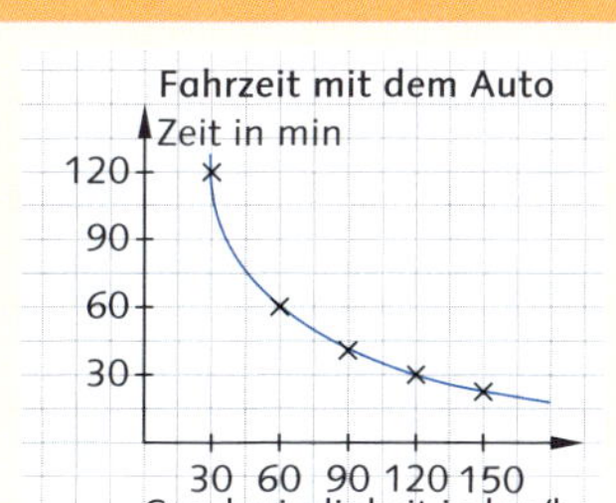

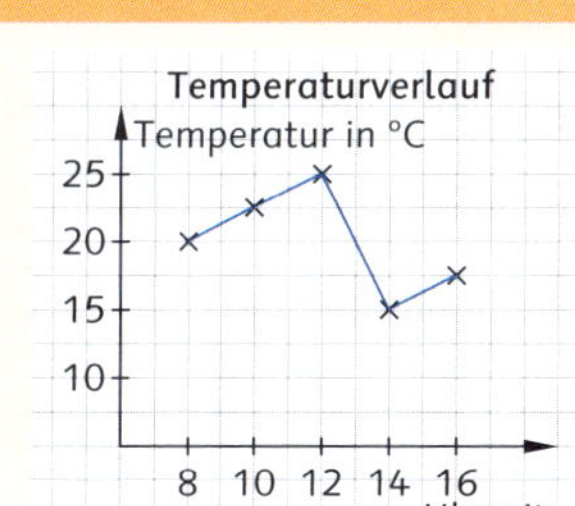

Lineare Funktionen

Liegen alle Punkte eines Graphen auf einer **Geraden**, so nennt man die zugehörige Funktion eine lineare Funktion.

Lineare Funktionen lassen sich auch mit Hilfe einer **Funktionsgleichung** darstellen.

Beispiele: $y = 2x$ oder $y = 2x + 5$

Setzt man für $x = \mathbf{7}$ ein: $y = 2 \cdot \mathbf{7} = 14$ und $y = 2 \cdot \mathbf{7} + 5 = 19$

In der **Funktionsgleichung** $y = \mathbf{m} \cdot x$ gibt **m** die **Steigung** an.

Die Steigung **m** lässt sich mit Hilfe eines **Steigungsdreiecks** bestimmen.

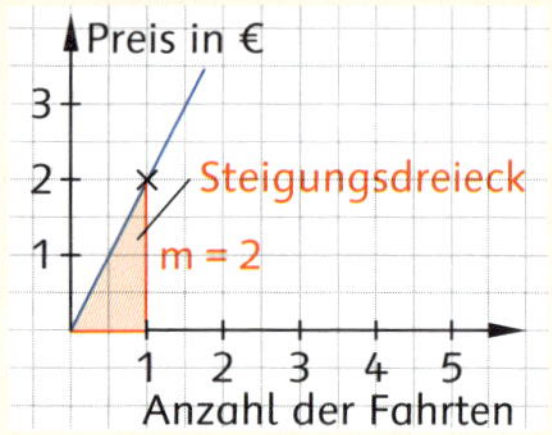

Beispiel: $y = 2x$

Steigung: $\mathbf{m} = 2$

Das erweiterte Koordinatensystem

Das **erweiterte Koordinatensystem** wird durch die Achsen in die vier **Quadranten** I, II, III und IV eingeteilt. Der Schnittpunkt der beiden Achsen S (0 | 0) heißt **Nullpunkt**.

Punkt A hat die Koordinaten $x = -2$

$y = 1$

Man schreibt kurz: A (−2 | 1). Punkt A liegt im II. Quadranten.

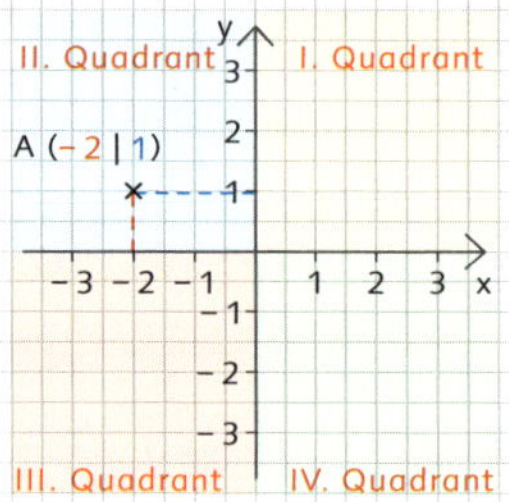

Quadrant	x-Koordinate	y-Koordinate
I	positiv	positiv
II	negativ	positiv
III	negativ	negativ
IV	positiv	negativ

Zufall und Wahrscheinlichkeit

Zufallsexperimente

Merkmale von Zufallsexperimenten:
1. beliebig oft unter gleichen Bedingungen wiederholbar
2. mindestens zwei mögliche Ergebnisse
3. Ergebnis ist nicht sicher vorhersagbar

Die Ergebnisse eines Zufallsexperiments können sein:

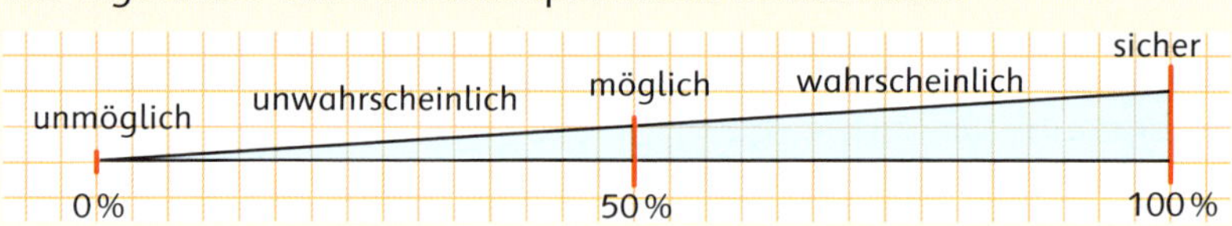

Wahrscheinlichkeit

Wenn ein Zufallsexperiment sehr oft durchgeführt wird, ist die **relative Häufigkeit** eines Ergebnisses ein geeigneter Schätzwert für die Wahrscheinlichkeit. Dies bezeichnet man als das **Gesetz der großen Zahlen**.

Wenn bei einem Zufallsexperiment alle möglichen Ergebnisse **gleich wahrscheinlich** sind, kann die Wahrscheinlichkeit für ein bestimmtes Ereignis berechnet werden.

$$\text{Wahrscheinlichkeit eines Ergebnisses} = \frac{\text{Anzahl der gewünschten Ergebnisse}}{\text{Anzahl der möglichen Ergebnisse}}$$

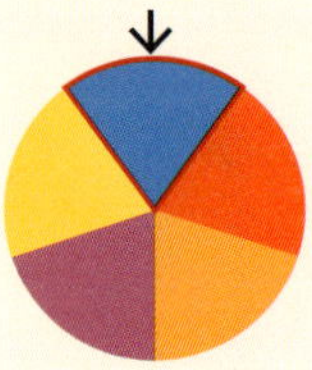

$\frac{1}{5}$ Eins von fünf möglichen Ergebnissen ist Blau.

Die Wahrscheinlichkeit für Blau ist $\frac{1}{5}$.

$\frac{1}{5} = 0{,}2 = 20\,\%$

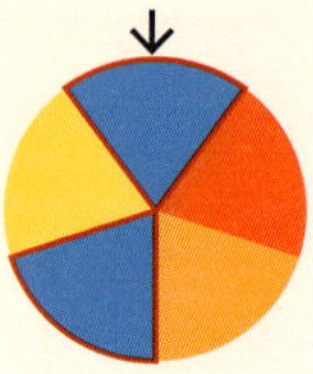

$\frac{2}{5}$ Zwei von fünf möglichen Ergebnissen sind Blau.

Die Wahrscheinlichkeit für Blau ist $\frac{2}{5}$.

$\frac{2}{5} = 0{,}4 = 40\,\%$